U0351276

本书作者委员会

主任

吴崇友

副主任

关卓怀

委员

金诚谦　石　磊　张　敏　易中懿　江　涛
王　刚　梁苏宁　金　梅　沐森林　汤　庆
吴　俊　赵辅群　陆江林

大田作物生产机械化技术丛书 ▌国家科技支撑计划项目"大田作物机械化生产关键技术研究与示范"▌

吴崇友 等著

油菜
机械化收获技术

江苏大学出版社
JIANGSU UNIVERSITY PRESS
镇 江

图书在版编目(CIP)数据

油菜机械化收获技术 / 吴崇友等著. — 镇江：江苏大学出版社，2017.6
ISBN 978-7-5684-0421-1

Ⅰ. ①油… Ⅱ. ①吴… Ⅲ. ①油菜—收获机具 Ⅳ. ①S225

中国版本图书馆 CIP 数据核字(2017)第 057162 号

油菜机械化收获技术
Youcai Jixiehua Shouhuo Jishu

著　　者/吴崇友　等
责任编辑/李菊萍
出版发行/江苏大学出版社
地　　址/江苏省镇江市梦溪园巷 30 号(邮编：212003)
电　　话/0511-84446464(传真)
网　　址/http://press.ujs.edu.cn
排　　版/镇江华翔票证印务有限公司
印　　刷/句容市排印厂
开　　本/718 mm×1 000 mm　1/16
印　　张/11.75
字　　数/237 千字
版　　次/2017 年 6 月第 1 版　2017 年 6 月第 1 次印刷
书　　号/ISBN 978-7-5684-0421-1
定　　价/42.00 元

如有印装质量问题请与本社营销部联系(电话：0511-84440882)

序

当前，我国农业资源与环境约束趋紧，发展方式粗放，农产品竞争力不强，农业劳动力区域性、季节性短缺，劳动力成本持续上升，拼资源、拼投入的传统生产模式难以为继。谁来种地、如何种地，成为我国现代农业发展迫切需要解决的重大问题。

机械化生产是农业发展转方式、调结构的重要内容，直接影响农民种植意愿和农业生产成本，影响先进农业科技的推广应用，影响水、肥、药的高效利用。2016年，我国农业耕种收综合机械化水平达到65%，农机工业总产值超过4200亿元，成为全球农机制造第一大国，有效保障了我国的“粮袋子”“菜篮子”。

与现代农业转型发展要求相比，我国关键农业装备有效供给不足，结构性矛盾突出。粮食作物机械过剩，经济作物和园艺作物、设施种养等机械不足；平原地区机械过剩，丘陵山区机械不足；单一功能中小型机械过剩，高效多功能复式作业机械不足，一些高性能农机及关键零部件依赖进口。同时，种养业全过程机械化技术体系和解决方案缺乏，农机农艺融合不够，适于机械化生产的作物品种培育和种植制度的标准化研究刚刚起步，不能适应现代农业高质、高效的发展需要。

“十二五”国家科技支撑计划项目“大田作物机械化生产关键技术研究与示范”针对我国粮食作物、经济作物和园艺作物农机农艺不配套问题，以农机化工程技术和农艺技术集成创新为重点，筛选适宜机械化的作物品种，优化农艺规范；按照种植制度和土壤条件，改进农业装备，建立机械化生产试验示范基地，构建农作物品种、种植制度、肥水管理和装备技术相互融合的机械化生产技术体系，不断提高农业机械化的质量和效益。

本系列丛书是该项目研究的重要成果，包括粮食、棉花、油菜、甘蔗、花生和蔬菜等作物生产机械化技术及土壤肥力培育机械化技术等，内容全面系统，资料翔实丰富，对各地机械化生产实践具有较强的指导作用，对农机化科教人员也具有重要的参考价值。

罗锡文

2017 年 5 月 15 日

前　　言

油菜是我国重要的油料作物，是国产食用植物油的主要来源。菜籽油的油酸含量接近橄榄油，亚油酸和亚麻酸的含量都比较高，属于优质植物油，在我国长江以南广大区域颇受喜爱。我国 7 000 多公顷的油菜种植面积约 80% 分布在长江流域，其中绝大部分与水稻轮作，少部分与棉花、玉米、大豆等旱作作物轮作。油菜生产机械化包括耕、种、管、收 4 个环节，但其中用工量最大、机械化难度最大的是收获环节，收获不仅关系到生产效率、生产成本，更直接关系到收获产量。

基于我国油菜生产的多种作物轮作，特别是水旱轮作的特殊性，油菜收获机械必须与稻、麦等作物收获机械兼用，以便于降低用户的机器购置成本和使用成本，必须在中小机型上实现联合收获和分段收获，这给油菜收获机械的研制带来较大的难度。

本书针对油菜收获机械化技术进行研究，通过试验测定了油菜植株的生物学特性、油菜茎秆的物理特性；通过连续的定点试验取得大量的试验数据，以此为基础，从收获产量损失、经济性、适应性等方面分析比较了 2 种收获方式的优劣，并指出了 2 种收获方式选择的要素；在机械化分段收获方面重点研究了割晒技术和捡拾脱粒技术，在联合收获方面主要研究了割台、脱粒分离、风筛选及茎秆切碎等技术。本书的研究重点和目标是围绕结构和参数优化展开的，在研究方法上，除了采用传统的试验研究以外，还采用了现代计算机仿真分析等手段，如在联合收获风筛选的研究中采用了 CFD－DEM 耦合的仿真技术。

本书作者长期从事油菜生产机械化，特别是油菜收获机械化技术研究，在梳理、总结多年研究成果的基础上，以联合收获和分段收获 2 种方式所涉及的机械化技术为主线，撰写和编辑此书。本书可作为收获机械科研和教学工作者的参考资料，也适合农业机械化专业、农业机械专业的学生和部分技术推广人员阅读。

本书由吴崇友和关卓怀设计结构内容并负责统稿，陆江林做了文字审阅，梁苏宁负责出版联系事宜。参与本书编写的老师有吴崇友、金诚谦、石磊、张敏、关卓怀、易中懿、江涛、赵辅群等。在此向为此书撰稿、统稿、编辑等做出贡献的各位学者表示衷心的感谢。

由于作者水平有限，研究不够深入，书中错误和不足之处难免，恳请读者批评指正。

著　者

2017 年 4 月 9 日

目　录

第 1 章 导 论

1.1 油菜机械化生产概述

1.1.1 油菜生产与机械化

油菜是我国主要的油料作物,是我国优质食用植物油的主要来源,其种植面积和总产量均居世界前列。2012—2014 年间,我国油菜种植面积分别为 7.43×10^6 hm^2,7.53×10^6 hm^2 和 7.59×10^6 hm^2,总产量分别为 1 400 万 t,1 445 万 t 和 1 477 万 t,每年略有增加。我国的油菜种植面积占世界油菜种植总面积的 1/4 以上,无论是油菜品种、栽培技术,还是单产品质,都已高于世界平均水平,成为我国继水稻、小麦、玉米、大豆之后的第五大优势作物。

我国食用油缺口很大,每年进口油菜籽(400 ~ 600)万 t,进口菜籽油(70 ~ 80)万 t。在菜籽油的成分中,对人体健康有益的油酸、亚油酸分别占 63.5% 和 18.0%。油菜籽还是制造生物柴油的最好原料。油菜是蛋白质作物、饲料作物、能源作物和蜜源作物;合理的稻、麦、油轮作,可以保持土壤肥力。近年来,还兴起了以观赏油菜花为主的观光农业,所以油菜的综合利用价值很高,油菜的生产在全世界范围内都受到了高度重视。

我国油菜种植遍及各地,南迄海南岛,北至黑龙江,西起新疆维吾尔自治区,东抵沿海各省,从平原到海拔 4 600 多米的西藏高原都有油菜种植。在极其广泛的种植区域内,各地自然条件差别很大,油菜播种期和收获期都有很大不同,每年 3—10 月均有油菜播种和收获,一年四季都有油菜在田里生长,从而形成了我国油菜品种、栽培制度和栽培技术的多样性。

油菜按播种季节的不同分为秋播、春播、夏播和春夏复播等。秋播油菜种植面积约占全国油菜总面积的 90%,分布在上海、福建、浙江、江苏、安徽、江西、山东、河南、湖南、湖北、广东、广西、云南和贵州等省市,以长江流域的太湖、鄱阳湖和洞庭湖冲积平原及四周低山丘陵地区最为集中。春播油菜分布在新疆、青海、西藏等省(自治区)和内蒙古阴山及大小兴安岭以北、四川西部、甘肃六盘山和祁连山一带。春夏复播油菜零星分布在冬季温度低、夏季温度较高、热量条件一熟有余二熟不足的中温地带,如青海省东部、河西走廊、陇中和河套平原、山西省西北部山间盆地、河谷平原的川水地带、黑龙江省南部及新疆准噶尔、塔里木盆地四周农区。各区域种植的油菜品种与特点见表 1-1，其中长江流域冬油菜区播种面积、产量均占全国的 85% 以上，按种植方式分，70% 的面积为育苗移栽，另 30% 为直播。北方春油菜产区基本采用直播方式。

表 1-1　我国油菜主要生产区域与品种特点

地域	品种	株型特点	栽培特性	产量及含油量	适应区域
长江中下游地区	甘蓝型杂交油菜	叶质似甘蓝，蔓茎叶半抱茎着生，幼苗匍匐或半直立，分枝性强，枝叶繁茂，细根较发达；角果长，结荚多	耐寒、耐湿、耐肥，抗霜霉病能力强，抗菌核病、病毒病能力优于白菜型和芥菜型油菜；成熟迟，生育期长	产量较高且稳，含油量一般为 42%，高的为 50%	长江中下游重要油菜产地
	白菜型油菜	株型较大，分枝性强，茎秆粗壮，茎叶发达，叶片较宽大，呈长椭圆或长卵圆形，茎叶全抱茎着生，半直立或直立，须根多	幼苗生长快，生育期短，全生育期一般为 60 ~ 100 天，抗病性较差	产量较低，含油量为 38% ~ 45%	中国南方各地
西北及西南地区	少叶芥油菜	茎部叶片较少而狭窄，有长叶柄，叶缘有明显锯齿，上部枝条较纤细，株型较高大，分枝部位较高；主根和茎秆木质化程度高，不易倒伏	主根入土较深，耐旱、耐瘠、耐寒性强，不易倒伏，生育期比白菜型长，抗病性介于白菜型和甘蓝型之间	产量较低，含油量较低，一般为 30% ~ 40%	西北、西南地区，以及人少地多、干旱少雨的山区
	大叶芥油菜	茎部叶片宽大而坚韧，呈大椭圆形或圆形，叶缘无明显锯齿，茎叶有明显短叶柄，分枝部位中等，分枝数多，株型较大，主根和茎秆木质化程度高，不易倒伏			
北方地区	白菜型小油菜	植株矮小，分枝少，茎秆细，基叶不发达，叶椭圆形，有明显琴状缺刻，多刺毛，匍匐生长	春性特别强，生长期短，耐低温	含油量较低，一般为 35% ~ 45%	青海、内蒙古、黑龙江及西藏

我国油菜生产也存在一些问题，如土地经营规模小、机械化程度低、用工量多、劳动强度大、生产成本高。据测算，在油菜生产成本中劳动力成本占60% ~70%，每公顷地用工150个左右，劳动力成本约6 000元，加上种子、化肥、农药等生产资料投入，油菜籽生产成本高达3.20元/kg，效益低下，导致农民种植油菜积极性不高，油菜的播种面积和产量起伏不稳。例如，2007年油菜种植面积约为$6.37\times10^{6}\ hm^{2}$，比2005年、2006年分别减少约$0.907\times10^{6}\ hm^{2}$和$0.520\times10^{6}\ hm^{2}$，2007年总产量比2006年减少约3.59%。2007年9月22日颁布的《国务院办公厅关于促进油料生产发展的意见》，对于稳定和发展油菜生产起到重要作用。

我国油菜生产方式落后，生产成本高，生产效益低，严重影响了农民种植油菜的积极性，制约了生产的发展。而油菜收获又是油菜生产过程中用工量最多、难度最大，并且直接影响收成的重要环节。我国油菜生产的特殊性给机械化作业带来巨大困难，直接照搬国外大型机械的联合收获或分段收获的经验是不可行的。本研究针对我国油菜生产的生态区域类型、栽培方式、社会经济条件所需要的收获机械装备特点来研究油菜收获技术与装备，以满足生产需要。

发展油菜生产机械化可以改变传统生产方式，显著节本增效。据测算，机械化收获油菜可在抢农时的基础上减少5%的收获损失，节省人工成本675 ~900元/hm^{2}。低温干燥可在提高油菜籽品质的基础上，减少霉烂损失4%以上。因此提高油菜生产装备水平和作业水平，节本增效，是促进生产发展的关键。

油菜生产的作业环节分为产前、产中和产后3个阶段。产前包括育种、耕整地和开沟排渍等；产中主要包括播种、施肥、育苗移栽、灌溉、植保、收割、脱粒、秸秆粉碎等；产后主要包括运输、干燥、清选、储存、加工等。其中，耕整地、开沟、施肥、灌排、植保、秸秆还田等一般环节所采用的技术和机具与其他作物的相应环节基本相同。随着我国农业机械化水平的提高，已基本实现机械化，而机械播种、机械育苗移栽、机械收获、机械干燥等专属环节的技术与机具，自20世纪60年代起步研究、开发、试验、示范及推广应用，不断取得技术进步，呈现出良好的发展态势。

1.1.2 我国油菜生产机械化技术的发展历程

(1) 机械化播种

20世纪70年代，上海市开始在稻茬田尝试机械化直播油菜，开发了与手扶拖拉机配套的上海-230U油菜直播机。江苏、浙江、安徽等地采用稻麦条播机改装小槽轮式排种器调整行距后播种油菜。甘肃、青海等北方地区应用铺膜播种机进行穴播油菜，这些油菜直播机的排种部件主要是外槽轮式和窝眼轮式。

1985年以后，黑龙江省春油菜生产发展较快，年播种面积在$6.7\times10^{4}\ hm^{2}$以上，而且90%以上集中在国有农场。油菜种植参照小麦、大豆成熟的机械化栽培技术起步，逐步改革、完善，形成了以保苗、灭草、收获为主要内容的一整套较为完整的机械化直播栽培生产方式。播种时利用多行谷物播种机条播，播深 2.0 ~ 2.5 cm，窄行距密植，行距 15 ~ 30 cm。播种、施种肥（种籽下 6 ~ 8 cm）、播后镇压同时进行。

2006 年上海市农业机械研究所承担“十五”国家科技攻关项目，成功研制 2BGKF - 6 型油菜施肥直播机，其技术特点在于机具集浅耕、灭茬、开沟、施肥、播种等工序一体化作业，实现秸秆还田。其创新点在于适合油菜直播的镶嵌组合式排种器技术，与施肥、旋耕和开沟机械技术组合集成，可播种油菜、小麦等多种作物，实现多功能联合作业，该直播机已由上海浦东张桥农机有限公司批量生产。与此同时，农业部南京农业机械化研究所与东台食品机械厂共同承担江苏省科技攻关项目，研制了 2BCY - 3 型油菜精量直播机。该产品与 8.82 ~ 13.24 kW 手扶拖拉机配套，集旋耕、播种、覆土、镇压功能于一体，采用自主研发的异型孔窝眼轮排种器，对种子形状和粒径适应性强，不伤种，播种量为 2.25 ~ 3.00 kg/hm^2（种子不需分级），播种均匀度高，实现了精密条播，适合江苏及全国其他适宜地区使用。华中农业大学与武汉黄鹤拖拉机公司联合承担“十一五”国家科技支撑计划项目，研制了 2BFQ - 6 型油菜少耕精量联合直播机，实现条带旋耕、开沟、播种、施肥复式作业，创新了气力式油菜籽精量排种技术，实现精量播种。

（2）机械化育苗移栽

我国从 20 世纪 60 年代开始研制旱地栽植机械，主要针对玉米、棉花、甜菜的钵苗移栽。按栽植器类型分，主要有钳夹式、导苗管式、吊篮式、输送带式和挠性圆盘式 5 种，改造后可用于油菜钵苗移栽，但因机具复杂，成本高，而且工厂化培育油菜钵苗投资大、用工多，未能达到实用要求。江苏省曾引进日本井关蔬菜穴盘苗自动移栽机，改进后用于油菜移栽试验。但该机具较复杂，成本较高，单行移栽效率低，且对“稻板田”的适应性不理想。相比于钵体苗和穴盘苗，苗床培育油菜裸根苗较简便。

1979 年，四川省温江地区农机所研制出 2ZYS - 4 型钳夹式油菜蔬菜栽植机。1980 年以来，国内多家研、学、推单位对油菜裸苗移栽机做过尝试，部分产品也获得了专利，但因油菜苗不易直立的特殊性状，以及机具结构复杂、可靠性差、价格昂贵等，也未能达到实用要求。

2007 年，农业部南京农业机械化研究所和溧阳正昌干燥设备有限公司在引进、消化、吸收意大利 Checchi & Magli 公司生产的 OTMA 栽植机技术的基础上，结合我国国情试验成功 2ZY - 2 型二行链夹式半自动油菜移栽机，与中马力拖拉机配套，一次完成开沟、移栽、覆土等工序，可用于油菜、棉花、烟草、蔬菜等作物的裸苗和小钵体苗移栽。

2008 年,南通富来威农业装备有限公司与南京农业大学、江苏省农业机械化技术推广站等单位合作,成功开发 2ZQ－4 型油菜移栽机并实现产品化。机具采用链夹式栽植器,可一次完成开沟、移栽、覆土、镇压、浇水和施肥等作业,具有伤苗率低、直立度好、成活率高等特点。2009 年富来威 2ZQ－4 油菜移栽机入选 10 省区市《非通用类农业机械产品购置补贴目录》。

(3) 机械化收获

从 20 世纪 60 年代开始,江、浙、沪种植油菜的地区就做过用稻麦收割机进行油菜机收的尝试,但损失大,也没有找到有效的解决办法。

1985 年以后,黑龙江农垦系统春油菜种植面积迅速增长。该地区油菜的收获步骤为割晒机先割晒,待角果晒干后,用联合收割机拾禾脱粒,即采用分段收获法。另外,北方少数油菜产区用大型谷物联合收割机(如 E512,E514,1065,1075,3060 等)稍加改装来收获油菜,投资虽少,但普遍改装粗糙,技术含量不高,收获损失严重,总损失率达 15%～20%。

从 1997 年起,各级农机科研推广部门开始不断探索机械化收获技术。例如,对背负式 4L－2.5 型(桂林 2 号)联合收割机的割台、输送喂入机构、脱粒清选机构、籽粒回收装置等进行改进,以满足种植密度较高的油菜的收获要求。再如,上海市奉贤区农业机械研究所研制的上海－ⅢU 型油菜联合收割机把原型桂林 3 号的左分禾器拆除,换为左分禾板,以改善分禾质量;割刀传动采用摆环机构代替曲柄连杆机构,以增加动刀杆驱动强度,减小振动;把原来的鱼鳞筛换为加密圆孔筛。利用几年时间多点试验,但效果并不理想。

从 1998 年开始,江苏省各地农机科研推广部门纷纷进行油菜机械化收获试验。无锡市惠山区农业机械化推广中心对桂林 3 号联合收割机的割台、脱粒、清选、分离等机构进行了改进设计,并研制了适合油菜收割的竖式切割分禾装置。1999 年,经改造的新疆－2 号自走式联合收割机在苏州吴县市长桥镇、望亭镇收获油菜演示成功。镇江市农业机械化研究所、江苏大学等单位研制的 4LYZ－2 型自走式油菜联合收割机,采用纵向动力竖切割技术,优化设计了拨禾轮参数,并合理调节脱粒清选运动参数,有效降低了总损失率。此外,浙江湖州、上海向明、北汽福田等联合收割机生产企业也先后对全喂入稻麦联合收割机产品加以改进以兼收油菜。但有关试验资料显示,这些机具普遍存在分禾困难、损失率及含杂率高等问题,广大农民难以接受。

2000 年初,上海市农业机械化管理办公室组织引进德国黑格公司 HEGE－160 型油菜收割机。在此基础上,2001 年上海市农业机械化研究所和向明机械有限公司研制出 4LZ(Y)－1.5A 型多功能油菜联合收割机。随后在农业部“跨越计划”项目和上海市科技兴农项目经费支持下完成中试,改进和熟化机具。该机是在

4LZ－1.5A 型稻麦联合收割机的基础上改装油菜专用割台和筛选装置后形成的履带自走式收获机。其结构主要由收割台、输送槽、脱粒清选装置、动力机、底盘、液压系统和卸料装置组成，与麦稻联合收割机相同。“跨越计划”项目成果还包括南通农业机械总厂研制生产的五山牌 4LZY －1.5 型谷物油菜履带自走式联合收割机。

2002 年，农业部南京农业机械化研究所也在消化吸收国外油菜联合收割机先进技术的基础上，成功研制 4LZY－1.8 型履带自走式油菜稻麦兼用联合收割机。江苏省立项支持产、学、研、推结合，研发了履带自走式兼用收割机沃得 2020 型、常柴－2 型、南通五山 2000 型和轮胎自走式兼用收割机新疆 2 号改进型等。2005 年，江苏省农业机械管理局与江苏省科学技术厅通过招标对油菜联合收割机进行重点攻关研究，由江苏沃得农业机械有限公司等研发出 4LYB1 －2.0 型履带自走式油菜联合收割机。

2004—2006 年，上海市继续组织承担了“十五”国家科技攻关“油菜生产机械化成套装备研究”课题，完成了 4LYZ－1.5B 型多功能油菜联合收割机研制。

（4）机械化干燥

油菜籽干燥的农艺要求是通过物理作用将收获后的油菜籽自然含水量降到安全贮藏或加工要求含水量（9%～10%），并保持油菜籽原有化学成分基本不变。

一般在油菜籽加工厂使用固定式干燥机。1980 年后国内市场主要有台资上海三久机械有限公司生产的循环式低温干燥机，日资金子农机（无锡）有限公司生产的专用型干燥机和通用型干燥机等。

移动式干燥机主要用于小容量流动作业专业服务，如农业部南京农业机械化研究所研制的 CTHL－0.5 型移动式干燥机及油菜籽专用烘干机。

2006 年，农业部南京农业机械化研究所研制成功 CTHL－200 型油菜籽干燥设备，其特点在于采用缓苏换向型混流干燥工艺，经过局部结构的角状盒形状、进风道、排风道、排粮机构的调整使收获的油菜籽得到及时干燥；通过调节干燥段的配置，还可实现稻、麦的干燥，一机多用。其创新点在于应用缓苏换向新工艺干燥技术和先进的计算机监控技术，适时监测并显示粮食温度，在线检测排粮含水率等，保证干燥后的油菜籽品质。

1.1.3 我国油菜生产机械化现状及存在的问题

（1）我国油菜生产机械化现状

虽然油菜机械化生产装备在不断地改进和完善，但是我国油菜生产一直沿袭传统的生产作业方式，机械化作业水平远远低于“三麦”、水稻乃至大豆和玉米。除耕整地与植保外，油菜种植、田间管理和收获主要依靠人工作业。2010—2014

年,我国油菜生产机械化水平见表1-2。由表可知,我国油菜生产依然大量依靠人工,用工量大、劳动强度高、生产效率低、成本高、效益差。据测算,在油菜生产成本中,劳动力成本占60% ~70%,耗工约150个/hm^2,劳动力成本约6 000元/hm^2,而油菜产量为1 800 ~2 100 kg/hm^2,因此收入仅为3 960 ~4 620元/hm^2(按2.2元/kg计),且尚未计算种子和化肥等生产资料的投入。而发达国家油菜主要生产国(如加拿大、德国等)油菜生产全面实现机械化作业,每公顷仅用工15个。

表1-2 2010—2014年我国油菜生产机械化水平

时间/年	机耕水平/%	机播水平/%	机收水平/%
2010	46.54	10.67	10.37
2011	48.24	12.28	13.32
2012	59.63	14.51	16.69
2013	64.17	16.20	19.82
2014	67.93	19.47	24.85

近年来,国内对油菜机械化生产装备开展了广泛的研究,我国油菜机械化生产技术已经取得了一些重大突破,研制出了多种符合国情的油菜机械化生产装备。

在油菜直播机械方面,主要有农业部南京农业机械化研究所研制的2BKY-6F型复式作业油菜直播机、湖南农业大学研制的2BYF-6型油菜免耕直播联合播种机、华中农业大学研制的2BFQ-6型油菜精量联合直播机。这些集开沟、播种、施肥等功能于一体的机械式或气力式油菜籽精量联合直播机具有效率高、工耗少、节约农时等优点,但普遍存在整机结构复杂等问题,与国外已比较成熟且趋于智能化的机型相比,还有一定的差距。

在油菜移栽机械方面,主要有农业部南京农业机械化研究所研制的2ZY-2型钳夹式油菜移栽机、山西省农机所研制的2ZYB-2型吊篮式移栽机、黑龙江省研制的2ZB-6型吊篮式钵苗栽植机、黑龙江农垦科学院研制的2ZY-4型杯式移栽机、湖北省东风井关农业机械有限公司研制的PVHR2-E18型鸭嘴式垄上栽植机。在南方水稻、油菜轮作区,由于茬口矛盾,油菜无法直接播种,必须采用育苗移栽种植方式。而现有的链夹式半自动移栽机作业效率低,不适应稻板田移栽。为改善油菜移栽现状,农业部南京农业机械化研究所研制设计了适合移栽油菜毯状苗的全自动移栽机,经过不断改进推广实践,机具各项指标性能已达到了生产应用水平。

在油菜收获机械方面,目前主要的机型和机具基本参数见表1-3。

表 1-3　油菜收获机具基本参数

企业名称	机具型号	配套动力/kW	割幅/cm	喂入量/(kg·s^{-1})	备注
湖南中天龙舟	4LZ－1Y	40	198	1.90	履带式
中机南方	4LZ(Y)－1.8	55	200	2.42	履带式
江苏沃得	4LYZ－2.5A	55	200	1.80	履带式
湖州星光	4LL－2.0Y	55	200	2.0	履带式
浙江柳林	4LYZ－2.0Z	60	200	2.62	履带式
湖州丰源	4LZ(Y)－1.6Z	65	190	2.26	履带式
久保田	4LYZ－1.8	50	200	1.80	履带式
常发锋陵	4LYZ－1.8	62	200	1.80	履带式
湖州星光	4LL－1.5Y	45	200	1.50	履带式
奇瑞重工	4LZ－2.5	55	200	3.34	履带式
福田雷沃	4LZ－2G	55	200	2.00	履带式
奇瑞重工	4LZ(Y)－2.0Z	55	200	2.90	履带式
无锡联收	4LZ－2.0	62	200	2.70	履带式
福田雷沃	4LZ－3F	66	275	3.00	轮式
郑州三中	4LZ(Y)－2.0Z	55	200	3.03	履带式

2012 年,农业部农机推广总站在江苏省吴江市对主要油菜收获机的作业效果进行了测评,测评内容包括割台损失率、脱粒损失、含杂率、留茬高度、班次生产率、纯生产率、耗油量、故障率等。油菜品种为苏油 4 号,种植行距为 43 cm,平均株距为 20 cm,亩株数为 7 750 株,亩产为 200 kg,最低结荚高度为 68.5 cm,自然高度为 159.4 cm,茎秆直径为 1.62 cm,成熟度为接近完熟;地块最小长度为 100 m,最小宽度为 15 m。

测试结果见表 1-4。参加测试的收获机总损失率平均为 9.2%,高于现行行业标准规定的 8%。含杂率平均为 1.3%,远远优于现行标准规定的 6%。参加测试的机型在生产考核中,有 8 个机型未出现故障。在出现故障的机型中,最高故障率达 23.58%,最低为 2.64%。所以,目前自走式油菜收获机还存在损失率高、故障率高等主要问题。

表1-4 机具性能测试结果

机型	总损失率/%	割台损失率/%	脱粒损失率/%	含杂率/%	留茬高度/cm
机型1	6.69	4.25	2.44	1.10	24.94
机型2	12.40	7.38	5.02	2.10	14.12
机型3	11.49	5.03	6.46	0.63	37.92
机型4	9.20	4.48	4.72	1.06	18.80
机型5	10.42	6.10	4.32	0.25	40.35
机型6	13.18	6.70	6.48	1.24	32.32
机型7	11.20	6.08	5.12	1.16	33.83
机型8	10.82	5.18	5.64	1.40	36.53
机型9	8.87	5.30	3.57	0.59	22.20
机型10	8.26	3.24	5.02	1.59	29.60
机型11	5.60	2.91	2.68	1.40	20.00
机型12	7.77	5.23	2.54	1.63	32.90
机型13	7.55	3.97	3.58	0.96	19.84
机型14	4.96	2.65	2.31	1.49	24.50
机型15	9.54	6.84	2.70	2.93	24.10

(2) 我国油菜生产机械化存在的主要问题

① 机械化水平低,装备可靠性低,适应性差

油菜生产机械化水平低,生产成本高,制约了我国油菜生产的发展。“九五”以来,通过国家科技攻关、省级科技攻关和科技成果转化等计划项目,研究开发了油菜直播机和油菜联合收割机等,但总体来看,现有的机械装备在可靠性、适应性或关键性能指标方面尚不能很好地满足生产要求。例如,油菜直播机精量播种的均匀度较低;联合收割机的损失率高、适收期短;移栽机作业效率低,钵体苗和裸根苗不能兼顾等。应该针对品种特点、栽培特点及各区域的农艺制度进一步熟化和完善技术,提高机具性能和适应性。此外,油菜育苗移栽技术装备的研究开发尚处于起步阶段。

② 农机、农艺和品种培育技术分离

以往油菜育种致力于高产优质育种及杂种优势的利用,在指标设计上主要追求“双高”和“双低”,即高油酸和亚油酸含量,低芥酸和硫代葡萄糖苷(简称硫苷)含量,忽略了品种对机械化作业的适应性,导致大面积种植的油菜适合机械作业的

性能较差,特别是我国南方的移栽油菜,由于株型大、分枝多,角果易开裂,给机械收获带来很大困难。油菜种植密度、播期、品种和田间管理技术与机械收获适应性均有直接关系。目前,尚未进行品种筛选、种植技术和机械装备技术多方面一体化研究,使农艺、品种与农机相互适应,全面协调解决油菜全程机械化问题。

③ 技术路线和技术模式不明确

目前,我国油菜种植制度多样,缺乏规范化的栽培制度,生产手段和经营方式落后,缺乏与现代生产手段相适应的集中成片种植和规范化管理。在机械种植方式上,注重机械直播,忽视了南方面广量大的机械移栽;在机械收获方式上,注重联合收获,忽视了具有适收期长等多方面优越性的分段收获。因此,迫切需要确定与现代农业生产装备和栽培技术相适应的、从种植到收获的总体技术路线与区域模式,给农民明确的方向引导和成功的典型模式示范。

1.1.4 我国油菜生产机械化的影响因素及关键技术

(1) 影响油菜生产机械化的主要因素

① 品种特点与机械化的关系

我国大面积种植的油菜适合机械作业的性能较差,特别是南方的甘蓝型杂交油菜,株型大、分枝多、枝杈交叉多,给机械收获的分行、切割、输送带来困难。近年来,采取在联合收割机割台上加分行竖切刀的方法,解决了枝杈交叉分行的问题,但分行损失较大,角果易开裂。由于株冠上下成熟期不一致,下面枯熟上面开花,增加了割台损失和脱粒清选的夹带损失。目前,联合收获的总损失率一般为8% ~ 12%,甚至更高,这是农民难以接受的。特殊条件下可以获得低于8%的损失率,但不具备普遍意义。北方种植的油菜一般株型小、分枝少、结荚部位比较集中,成熟期相对集中,联合收获比较容易,收获损失率比较低。

② 种植方式与机械化的关系

我国冬油菜种植面积占油菜总种植面积的90%。种植形式有4种:一是水稻、油菜两熟制,包括中稻、油菜两熟和晚稻、油菜两熟2种方式;二是双季稻、油菜三熟制;三是一水一旱、油菜(或一旱一水、油菜)三熟制;四是旱作棉花(或玉米、高粱、甘蔗、烟草等)、油菜两熟制。

春油菜种植面积约占全国总种植面积的10%。春油菜种植制度一般为一年一熟制,大都以麦类生产为中心,主要是青稞、春小麦或燕麦,豌豆次之。

油菜种植方式分为直播和移栽两大类型。目前,全国油菜种植面积的30%为直播,70%为移栽。机械直播作业效率高,是机械移栽的4 ~ 6倍,机具结构相对简单,农民容易接受。我国长江流域大部分地区由于复种,生长季节短,目前大多高产品种不能满足直播生长期短的要求。油菜直播密度与株型、分枝有密切关系,密度高则株型小且分枝少,给机械收获带来方便。播期与产量有密切关系,长江中下游地区9月20日以前播种对产量影响小,9月20日以后播种往往对产量影响较大。

机械移栽对品种生长期适应性强,目前存在的主要问题:一是作业效率低,作业成本高;二是移栽油菜株型大、分枝多,上下层成熟期差别大,给联合收获带来困难。

③ 收获方式与机械化的关系

机械收获方式主要分联合收获和分段收获(二次收获)2种。

联合收获由一台联合收获机一次完成切割、脱粒和清选作业,收获过程短,从个体农民的角度来看,具有省时、省心和省力的优点;从种植地区来看,南方雨水较多、田块小且收获时间集中,宜采用联合收获。联合收获比人工收割(或机械分段收获)推迟5天左右,在蜡熟期收获损失率最低,适收期缩短约40%,一般只有7天左右,这限制了联合收获的作业面积,降低了联合收割机的利用率。现阶段,种植制度的多样性、品种的不适宜性、机器性能不完善、收获损失率高等因素都对联合收获形成制约。

分段收获把割晒与捡拾脱粒、清选分成2个阶段完成,收获过程延长;分段收获前只进行割晒,对油菜的成熟度及其一致性和株型等不敏感,因此适应性强,适收期长,收获损失率不高于联合收获,比现阶段的联合收获平均损失率低。分段收获虽然需割晒机、捡拾脱粒机等多种机具来完成,但每个作业工序的作业效率比联合收获高;分段收获过程还可以采用与人工作业相结合的多种方式完成,如机器割晒、人工脱粒与清选,或人工割晒、机器脱粒与清选等组合形式,增强灵活性和实用性。我国北方油菜收获期间雨水少,田面干爽,田块较大,具备很好的分段收获自然条件;北方所种植的品种适收性较好,采用分段收获和联合收获均宜。试验表明,北方油菜采用分段收获具有生产效率高和适收期长等特点,有利于提高单机收获作业量,增加作业收入。

(2) 油菜生产机械化关键技术

① 少耕精量复式油菜直播技术

在适宜的地区推广机械直播技术是我国油菜种植机械化的发展趋势。我国已研究开发了与四轮和手扶拖拉机配套的油菜直播机,播种部件主要采用外槽轮式和窝眼轮式,少有水平圆盘式。外槽轮式和窝眼轮式排种器伤种严重,播量不精,难以定量,不仅浪费种子,而且间苗耗费大量人工。水平圆盘式分倾斜式和水平式2种,在不加振动的情况下,难以达到满意的充种率。在缺乏精少量油菜直播机械的情况下,目前通常采用稻麦免耕条播机替代作业,将复合肥或炒熟的油菜籽与种子拌和,以减少种子用量。但是由于肥料或熟油菜籽与种子难以拌和均匀,易造成播种、出苗不均匀,断条严重。国外精密排种器多为气力式,此种排种器结构复杂,造价昂贵。

油菜直播技术的核心体现在精少量和复式作业上。研究开发的2BY－3型油菜精少量直播机为旋耕、播种、开沟、覆土复式作业机,采用多刀细旋、表土开浅沟、异形孔窝眼轮式排种器播种、抛土浅覆的技术路线。其中,异形孔窝眼轮式油菜排种器中型孔的几何参数、数量及分布是关键。窝眼沿圆周方向均匀分布,充种容易、排种可靠、落种均匀,排种量调节方便。采用毛刷低部加挡板的清种机构,清种可靠,不伤种。研究确定落种管、开沟器、覆土部件三者之间合理的位置关系,可达到对播后种子浅土、定深、浅覆的目的,为提高出苗率、田间出苗成行性创造条件。该机在江苏省东台市黄海农场的试验结果表明:播种合格率为98.3%,漏播率为0.6%,重播率为1.1%,对油菜种子适应性好,播种量为1.5~4.0 kg/hm^2。

② 高效油菜移栽技术

我国人多地少,农业生产复种指数高,由于受到生长季节的制约,长江中下游越冬油菜大多为稻后移栽。但是我国油菜移栽机械化处于起步阶段,机械技术与配套的农艺技术都缺乏成熟的模式。根据我国国情,油菜移栽机械应追求中小型、多功能复式作业,通过机具复式作业体现高效率;采用田间育苗,培育适合机械作业的秧苗,降低生产成本;移栽机具既能适应裸苗,也能适应带土小钵体苗,提高机具对秧苗形式和作物种类的适应性。为降低机具造价,多行半自动化应是今后油菜移栽机械的主要机型。因此,我国在未来较长一段时间内,油菜移栽机械发展趋势应为:田间育苗、机械移栽为主要技术模式,中小型、多功能、半自动、裸苗与小钵体苗兼用机型为主要机型。

高效油菜移栽技术的关键是解决好“苗—机—田”三者的相互适应问题。采用田间育苗,降低育苗成本,从品种、苗龄、大小、形态等方面入手,提高秧苗对机械的适应性。针对我国农村的现实条件,以裸苗和小钵体苗为移栽对象,研究开发中小型、多功能、半自动、裸苗与小钵体苗兼用移栽机械,提高机具对秧苗形式和作物种类的适应性,在机具的开沟和覆土部件设计上力求降低对整地质量的要求,提高机具对田块和土壤的适应性。

2ZS－2型油菜移栽机与中功率拖拉机配套,人工喂苗,裸苗与小钵体苗兼用,可一次完成开沟、移栽、覆土作业。采用所研究的油菜裸根苗预分捡技术及装备,简化人工取苗、分苗和放苗工作,提高作业效率,使行平均移栽速度达60株/min。针对油菜移栽机在稻茬田作业时开沟成型难、覆土镇压不实等问题(土壤黏重、板结、立苗率低),研发适合稻茬田的新型开沟器和推土镇压部件,使油菜移栽机同时能适应熟地和板茬地移栽。

③ 多功能组合式油菜分段收获技术

油菜分段收获技术包括机械化割晒技术和机械化捡拾脱粒技术。

油菜机械化割晒技术的关键是解决油菜高大植株强制输送与可靠铺放问题。4SY－2 型油菜割晒机采用卧式割台收割机实现油菜割晒作业,油菜高大茎秆在拨禾轮扶持作用下被切割,惯性喂至横向输送带,横向强制输送至出口。割台单边开放,提供无障碍宽大出口。配置竖割刀分行,竖割刀与出口分开配置。

油菜机械化捡拾脱粒技术的关键是提高捡拾台的通用性和互换性,所开发的捡拾台可以与市场上现有的稻麦联合收获机挂接,捡拾台采用多段输送带上安装弹齿的结构,可以顺利捡拾与喂入,实现捡拾和输送无缝衔接,保障作业顺畅,减少回带和炸荚损失。油菜机械化捡拾脱粒的另一个关键技术是研究人工割晒或机器割晒后油菜的物理力学特性,开发适合人工割晒或机器割晒后油菜的输送、脱粒分离、清选装置,得出最优的工作参数组合,降低整机的总损失率、含杂率和油菜籽的损伤率,提高工作效率,同时通过适当更换和调整,还能兼收水稻和小麦。

④ 高性能油菜联合收获技术

我国南方雨水较多、田块小、收获时间集中,宜采用联合收获。现阶段种植制度的多样性、品种的不适宜性、机器性能不完善、收获损失率高等都对联合收获形成制约。现有的油菜联合收获机大多是以全喂入式的稻麦联合收割机为基础改装而成的,通过改装分禾器,安装侧边纵向切割装置,提高分禾质量;改进切割装置,割刀传动采用摆环机构代替曲柄连杆机构,以增加动刀杆驱动强度,减小振动;更换筛面,采用圆孔筛,降低含杂率;增加二次回收搅龙,设置杂余回收装置及杂余收集箱;加密栅格式凹板筛,调整脱粒滚筒与凹板的间隙等方法实现油菜联合收获。

油菜联合收获的关键技术包括:适合油菜切割输送的割台技术,主要研究割台液压驱动双竖切割器技术,拨禾轮相对于主割刀前后、上下位置大范围调节技术,以及独立割台模块化技术;适合油菜收获的脱分技术,主要研究适合油菜的轴流脱粒分离技术、清选装置的结构与运动参数调节,解决青角果脱不净、茎秆破碎严重、籽粒损伤较大等问题,减少脱出物中杂余含量,保证油菜籽的湿脱湿分离,降低清选损失,提高籽粒的清洁度;脱粒分离、清选装置的堵塞预警技术和液压系统工作状态实时监测技术。

⑤ 适合机械化生产的油菜品种选育与栽培技术

研究油菜抗倒、抗裂角性的鉴定方法,鉴定种质资源、育种骨干材料及育成品种(系)的抗倒、抗裂角性,筛选出一批抗耐性好的材料;建立抗倒、抗裂角性的性状分离群体,鉴定适合机械化生产油菜性状的分子标记,并克隆相关基因。通过对复合杂交后代群体进行抗倒性、抗裂角性及早熟性状的定向选择,选育优良品系或配合力好的杂交种亲本系,组配抗倒、抗裂角、早熟的杂交油菜新组合,选育适合机械化生产的杂交油菜新品种(系)。

对适合机械化生产的品种的播种量、播期等指标进行规范化和标准化。研究种植密度、水肥运筹、种植方式、抗倒性等要素与油菜机械化生产操作的相关性。同时,分油菜主产区制定油菜规范化栽培技术规程。

1.2 油菜机械化收获技术

1.2.1 我国油菜机械化收获技术研究现状

(1) 油菜收获时期研究

在油菜机械化收获过程中,掌握适宜的收获时期,对减少收获损失有很大的帮助。由于采用的收获方式不同,适宜的收获时期也不相同。以油菜籽含水量来判断,采用分段收获时,割晒宜在种子含水量为35% ~40%时进行,捡拾在种子含水量为12% ~15%时为好;联合收获宜在种子含水量为15% ~20%时进行,含水量过低,损失严重。根据油菜角果的颜色判断,油菜分段收割的最适时期是在全株有70% ~80%的角果呈黄绿至淡黄时,这时主序角果已转黄色,分枝角果基本褪色,种皮也由绿色转为红褐色,割晒后后熟5 ~7 天,在早晚有露水时或在阴天捡拾脱粒。联合收获在油菜转入完熟阶段,植株、角果中含水量下降,冠层略微抬起时进行最好,并宜在早晨或傍晚进行收获。

(2) 油菜收获损失研究

收获损失对产量的影响最直接、最明显,降低收获损失是油菜收获技术中的难点问题。在油菜收获过程中,总损失平均为8.54%,其中,割台损失为7.69%。油菜收获损失的大小受到许多因素的影响,并且约70%发生在进入收获机之前,故籽粒及角果的脱落是损失的重要原因,这种损失的多少又取决于品种的特性和收获的相对湿度及收获时期。

(3) 油菜分段收获装备研究

油菜分段收获装备主要包括油菜割晒机和油菜捡拾脱粒机。

① 油菜割晒机

油菜割晒技术的研究主要集中在条铺形成过程及放铺质量上。条铺的形成过程起始于割台,被切割作物在割台上呈三角形分布,堆聚的最大高度与输送带的速度成反比,与机组的前进速度成正比,此外又与作物的状况有关。被切割作物在割台上堆聚是有层次的,其层次数与堆聚高度、拨禾轮转速、压板的数目成正比。

油菜割晒机采用单带输送时,倒于输送带上的作物由于穗部与根部输送速度一致,割倒的作物只能在铺放口处靠输送带甩出一个角度,很难保证作物全部落在禾茬上,必然有部分作物顺茬落于地面。若采用汇流输送方式,将原来的一条宽输送带改为若干条窄的输送带,且这些输送带之间呈一定角度分布,可使倒于每一条输送带上的作物从不同方向输送,实现交叉铺放。

针对油菜生长分枝多、花序长,生育后期植株倾斜,枝茎相互交错,分枝互相搭缠连成一片,造成割晒机拨禾轮的缠绕和割台的堵塞等问题,海拉尔垦区研制推广了立式割刀油菜分禾器。该分禾器可以把待割区和未割区的油菜强制切割分离,消除割晒作业中作物的缠绕现象。

国外对于油菜割晒机的研究也主要集中在拨禾轮转速、输送带转速和前进速度上,并在理论分析的基础上给出了机器前进速度与输送带速度之间的关系式。油菜割晒机铺放质量与株高、产量、作物成熟度、拨禾轮转速、输送带转速和前进速度及放铺口等因素有关,拨禾轮圆周线速度与前进速度的比值宜控制在1.2~1.5,输送带速度与前进速度的比值宜控制在1.2~1.6,此时铺放质量最佳。在不同的拨禾轮转速、输送带转速和前进速度配合下可以形成平行放铺、人字形放铺、扇形放铺、燕尾形放铺。

② 油菜捡拾脱粒机

国内油菜捡拾脱粒机主要有2种形式:第一种为专用的捡拾台与油菜联合收获机配套,作业时,将联合收获机割台拆下,更换成捡拾台即可作业;第二种为专用的捡拾台挂接在联合收获机割台前面即可实现作业。现有的油菜捡拾台与稻麦捡拾台没有什么差别,大多采用弹齿式捡拾器,捡拾台结构简单,运动也不复杂。

(4) 油菜联合收获装备研究

现有的油菜联合收获机大多是以全喂入式的稻麦联合收割机为基础改装而成的,通过改装分禾器,安装侧边纵向切割装置,提高分禾质量;改进切割装置,割刀传动采用摆环机构代替曲柄连杆机构,以增加动刀杆驱动强度,减小振动;更换筛面,采用圆孔筛,降低含杂率;增加二次回收搅龙,设置杂余回收装置及杂余收集箱;加密栅格式凹板筛,调整脱粒滚筒与凹板的间隙等方法实现油菜联合收获。有关试验研究资料显示,油菜联合收获机械总损失率为5%~10%,破损率为2%~3%,含杂率为20%~30%,整机质量亟待提高。油菜联合收获机基础研究主要集中在割台、脱粒与分离部分。

① 割台部分的研究

割台部分的研究主要针对油菜生长的特点,从结构特点上研究分析影响割台损失的因素。拨禾轮转速、机器前进速度、拨禾轮轴相对割刀的位置等因素均影响割台损失。安装侧边竖直切割器,可减少油菜收获分行损失。在保证具有良好推送作用的条件下,减少拨禾轮对油菜的打击次数,可以降低对果荚的冲击力及拨禾轮打击损失。

在割台结构研究上,由于油菜收获割台较稻麦割台长,割台振动情况与强度也是需要研究的问题。为此,用有限元分析的方法,建立割台框架的三维模型,通过模态分析,了解割台框架的振动情况与工作强度。

② 脱粒分离部分的研究

影响油菜脱分效果的因素很多,诸如油菜的物理机械性能、脱粒分离结构、喂入量、滚筒转速和滚筒长度等。脱分率主要与油菜的喂入量、滚筒结构、滚筒线速度和滚筒长度有关。其中,滚筒线速度和喂入量对脱分率影响最大。目前,没有全面开展对油菜脱分机理的研究,对钉齿、短纹杆和纹杆-板齿3种不同结构的轴流脱粒滚筒进行油菜脱粒性能对比试验的结果表明:在相同的试验条件下,纹杆-板齿组合式脱粒滚筒的脱粒损失率较大,钉齿脱粒滚筒次之,短纹杆脱粒滚筒较小;钉齿脱粒滚筒的功率消耗较大,纹杆-板齿组合式脱粒滚筒次之,短纹杆脱粒滚筒较小;短纹杆脱粒滚筒脱分能力较强,杂余沿轴向分布比其余2种要均匀,脱出物中杂余较少。

③ 清选部分的研究

籽粒含杂率、清选损失率和清选效率是衡量联合收获机清选性能的主要指标。通过对油菜脱出物特性、油菜联合收割机清选装置结构、清选机理等方面进行研究,对清选装置进行参数优化,以实现油菜联合收割机籽粒含杂率和清选损失率最低、清选效率最高的目的。

油菜脱出物的特性研究。油菜脱出物是指油菜植株经联合收割机的切割、喂入、输送和脱粒分离后最终进入清选室的混合物,主要有油菜籽粒、短茎秆、果荚壳和轻质杂物4种基本成分。测定油菜脱出物中各成分的空气动力特性(主要是悬浮速度)并分析脱出物在气流流场中的运动参数,可为选择适合于油菜脱出物分离的气流参数提供试验和理论依据。籽粒与短茎秆的悬浮速度相近,很难通过改变气流参数进行分离;而籽粒与果荚壳的悬浮速度有一定的差别,有可能将籽粒与果荚壳分开,但果荚壳的悬浮速度较大,分离所需要的气流速度较大。而气流速度过大会导致籽粒在筛面上的落点过于靠后,因此不能有效地利用筛面长度。

油菜清选装置结构的研究。国内使用的小型联合收割机清选装置大致可分为风机加振动筛清选装置和风机加圆筒筛清选装置。双风机加双层振动筛结构在最佳结构参数与运动参数条件下,可得到最佳清选效果。

油菜清选机理的理论研究。物料在筛面上的运动直接影响振动筛筛分效率和生产能力。较有代表性的理论有单颗物料在振动筛面上的跳动模型理论和物料群在筛面上的碰撞模型理论。油菜清选室中气流场对清选效果的研究表明:气流在清选油菜脱出物时存在局限性,即要实现短茎秆与籽粒的有效分离,必须着重考虑振动筛的作用。气流速度的大小对脱出物运动状态的影响要远远大于气流方向。依据轻质杂物与油菜籽粒在空气动力特性上的差别,选择适合于籽粒与轻质杂物、果荚壳相分离的气流参数。随着气流速度的增大清洁度提高,而随着气流方向角的增大清洁度降低,但清洁度存在着一个最优值。气流速度对清选效果的影响比较显著。

清选装置工作参数优化。运用各种工程仿真软件建立起联合收割机振动筛模型,仿真油菜物料在筛面上的运动轨迹及各物料层的运动情况,并且对油菜的风筛式清选气流场进行数值模拟,以实现清选装置中各个零部件的工作参数优化。

综上,国内对油菜联合收割机的研究主要集中在脱粒清选装置、割台的参数与结构方面。我国油菜联合收割机性能不断提高,特别是近年来采用纵轴流滚筒、双横轴流滚筒技术,使得脱粒清选损失较大幅度地降低,割台经过一系列的改进,损失率也得到有效控制。

1.2.2 我国油菜机械化收获存在的问题

(1) 研发滞后,缺乏先进实用的生产机械

在收获机械上,我国现有的是在稻麦联合收割机的基础上进行局部改进形成的兼用油菜的联合收割机,虽然利用率高,但收获油菜损失率较大(一般直播油菜实际损失率比移栽油菜的损失率更高)。对于越冬移栽油菜,分段收获具有适收期长、适应性强等优势,但目前缺乏实用的机型,急需研究开发割晒机和捡拾收获机。目前,油菜联合收割机收获损失率较前两年有所降低,但作业性能不稳定,受油菜收获状态影响很大。作者及其团队针对上述问题研究开发了分段收获的捡拾收获机,获得收获损失率较低且比较稳定的收获效果,研究开发的割晒机尚处于样机试验阶段,作业流畅性、作业效率、作业效果等有待进一步提高。

(2) 农艺技术与农机技术相脱节

目前我国长江流域推广的油菜品种多为偏晚熟品种,生育期较长,由于前茬多为水稻,在水稻收获后,采用机械直播,油菜冬前正常生长所需时间难以保证,影响油菜产量;采用移栽方法,费工,移栽密度低,油菜的茎秆粗壮、分枝多、上下层角果的成熟度一致性差,不利于机械联合收获。

(3) 现有的农村生产体制使机械化发展受到限制

由于种植油菜劳动力投入大、收益低,农民种植油菜积极性不高。大户种麦子,小户种油菜是我国夏熟作物的生产现状。一家一户的分散种植,作物种类和品种各不相同,机械作业的规模效应难以显现,制约了油菜生产机械化的发展。油菜收获期短,季节性强,即使不顾收获损失率,油菜联合收获的作业效益低也是影响联合收获机推广的重要因素。

第2章 油菜植株生物学特性及油菜茎秆、菜籽的物理特性

目前国内油菜收获机械大多是在稻麦收获机械的基础上改进而成的,由于油菜本身的植株特性与水稻、小麦的区别较大,在工作过程中普遍存在收获损失率偏高的问题,原因在于:菜籽粒包裹在油菜夹壳内,角果易炸裂,植株分枝高度差大、分枝数多,成熟度不一致。在设计油菜收获机械时,需要对油菜茎秆、籽粒的生物学、物理学特性进行定量分析,找出油菜特性指标。本章主要针对油菜的主要类型及其生物学特点进行研究,并通过试验台测试了不同切割速度下油菜茎秆的切割力,以及3个品种的油菜角果的抗裂性,为油菜收获机具的设计提供了参考。

2.1 油菜的主要类型及其生物学特性

2.1.1 油菜植株生物学特性

目前我国栽培的油菜品种主要有三大类型,即白菜类型、芥菜类型和甘蓝类型。油菜的株高、株型、分枝特点都对油菜机械化收获效果产生影响。油菜因品种、栽培方式、栽培密度、田间管理技术的不同,其株型、株高、分枝差异很大。一般长江流域的越冬油菜植株高。株型除了与品种特性有关外,还与栽培方式、栽培密度有重要关系,育苗移栽的油菜密度低、株型大、分枝多。油菜分枝又分为一次分枝、二次分枝和三次分枝。分枝多少也与栽培方式和密度有重要关系,育苗移栽的油菜密度低、分枝多,不仅有一次分枝、二次分枝,还有少量三次分枝,而直播油菜密度大,分枝少,除一次分枝和二次分枝外,没有三次分枝。选择基本同期移栽的3个油菜品种,在田间每个品种分别随机选取3个点,每个点随机选取5株油菜,分别做下列测量,见表2-1。

表2-1 油菜株型、高度与分枝

品种	秦油10	宁杂11	中双11
株高/m	1.61	1.23	1.24
最低分枝高度/mm	83.33	38.33	43.67
一级分枝/个	5.00	5.33	4.00

续表

品种	秦油 10	宁杂 11	中双 11
二级分枝/个	0	1.00	0.33
三级分枝/个	0	0	0
角果层厚度/mm	550.00	520.00	460.00
冠层直径/mm	320.00	330.00	400.00

油菜的产量由每亩角果数、每个角果籽粒数和粒重构成，计算公式如下：

油菜产量（kg/亩）= 每亩角果数 × 每角果籽粒数 × 千粒重（g）

3 个因素中，对产量影响最大的因素是每亩角果数，它的变化范围最大，在不同的栽培条件下常能相差 1 ~ 5 倍，而每角果籽粒数和粒重则变化很小，在不同栽培条件下最多相差不超过 0.3 倍。因而在产量构成中，角果数成为影响产量高低的主要因素。

油菜角果数、每面果籽粒数和粒重是在油菜生长发育过程中依次逐步形成的，然而这 3 个产量因素形成的时期没有截然的界限，其形成过程是先形成角果数，继而形成粒数，最后形成粒重。由于油菜生长发育的过程是前后联系、相互影响的，所以这 3 个因素是相互关联的。为了减少测量工作量而减少样本数，在每个点选取的 5 株油菜中随机选取 3 株测量每株角果数。每株油菜随机剪取 5 个角果，测量每角果籽粒数，见表 2-2。

表 2-2　单株角果数与每角果籽粒数

品种	秦油 10	宁杂 11	中双 11
角果数	152.00	158.33	145.67
角果 1 籽粒数	19.67	24.33	20.00
角果 2 籽粒数	22.00	20.67	24.00
角果 3 籽粒数	26.33	23.67	24.30
角果 4 籽粒数	22.00	20.00	23.30
角果 5 籽粒数	20.67	23.33	21.30
平均籽粒数	22.13	22.40	22.60

2.1.2　谷草比

油菜谷草比是指油菜籽粒与油菜植株除去籽粒以外全部质量的比值。油菜籽粒小，籽粒质量远小于茎秆、果皮等质量和，因此谷草比较小。这一点也从另一个侧面表明，油菜收获脱粒清选时容易产生较大损失。收获当日测得的谷草比反映了联合收获或割晒时的谷草比，而经过晾晒后的茎秆、籽粒的含水率大幅度降低，谷草比反映的是捡拾脱粒的谷草比。谷草比在农业上通常称为收获经济系数（指数），其与农业机械学讲的谷草比相同。

2.1.3 茎秆、籽粒含水率

茎秆、籽粒含水率的多少主要与油菜成熟度有关，油菜从青熟到完全黄熟时，其籽粒和茎秆的含水率是逐步降低的。因此，我们把茎秆和籽粒的含水率作为判断油菜成熟度的2个可以检测的指标。油菜茎秆的含水率还直接影响油菜联合收获的脱粒和清选损失。在油菜未完全成熟时收获，茎秆含水率较高，经过联合收获机脱粒滚筒的打击、碾压和揉搓，茎秆里的自由水释出，并与灰尘和细小杂质黏在一起，形成黏稠状的脱出物，黏附在筛子表面，致使筛子部分被堵塞，从而造成部分籽粒从筛面上流走，增大了清选损失。在分段收获的脱粒清选过程中，茎秆的含水率对脱粒损失率也会产生一定影响，但茎秆经过晾晒，含水率已经大幅度下降，不易产生糊筛现象，对脱粒清选损失影响程度减轻。表2-3和表2-4分别是一次收获和二次收获（割晒时）经济系数、籽粒含水率和茎秆含水率。含水率测定按照烘箱干燥法，计算方法为

$$含水率=(湿重-干重)/湿重$$

表2-3 一次收获经济系数、籽粒和茎秆含水率

品种	收割时间/(月/日)	经济系数/%	籽粒含水率/%	茎秆含水率/%
秦油10号	5/29	26.82	23.79	68.03
	5/27	28.31	18.30	62.50
	5/29	25.36	14.67	61.63
宁杂11	5/18	27.51	51.87	67.12
	5/20	58.08	27.91	65.26
	5/25	26.02	17.44	62.93
中双11	5/25	26.49	27.73	68.31
	5/27	28.22	18.65	65.80
	5/29	24.19	15.90	64.81

表 2-4　二次收获经济系数、籽粒和茎秆含水率

品种	收割时间/(月/日)	经济系数/%	籽粒含水率/%	茎秆含水率/%
秦油 10 号	5/18	22.75	56.91	72.25
	5/20	25.40	45.20	70.83
	5/25	26.82	23.79	68.03
宁杂 11	5/13	25.54	57.46	74.49
	5/15	26.21	56.35	69.88
	5/17	26.57	52.35	67.83
中双 11	5/18	25.59	58.14	72.94
	5/20	25.73	46.73	69.64
	5/27	26.49	27.37	68.31

2009 年在江苏省江都市小纪镇进行油菜联合收获、分段收获试验，试验油菜的特性如下：

（1）品种为双低杂交油菜镇油 -3，种植方式为育苗移栽，在接近完熟时人工收割，运到场地上晾晒 3 ~ 5 天后，进行室内台架试验。

（2）植株高度平均为 1 684 mm，茎秆直径 14 ~ 29 mm，角果层直径 480 ~ 750 mm，平均单株分枝数（一次分枝）8 ~ 10 个，分枝点位于 500 mm（离地）处，平均单株角果数 390 ~ 400 个，平均单只角果籽粒数 20 粒。

（3）谷草比 1∶5.2。茎秆含水率见表 2-5。

（4）油菜籽平均直径（湿）为 2.25 mm，籽粒含水率为 19.16%（晾晒 3 天），15.31%（晾晒 4 天），千粒重为 4.05 g。

表 2-5　茎秆含水率　%

品种	测试时间/(月/日)	根部	主茎	长茎秆	角果
镇油 -3	5/28	78.04	75.56	64.60	62.68
镇油 -3	5/30	68.68	62.83	48.86	20.64

2.1.4　成熟度

油菜成熟度是指油菜成熟的种子（结实）占其全部的比例。油菜是无限花序的作物，花期 1 个月左右，因此种子成熟期前后历时很长，成熟度不一致，给收获带来困难。在油菜成熟期间，随着成熟度逐步增加，籽粒含水率逐步降低，颜色逐步由青绿、浅黄到暗褐。一株油菜由于上下层花期不一致，种子成熟度也必然不一

致。对于一个角果的种子,通过颜色和种子含水率很容易判断其成熟度,而对于一株油菜如何来判断其成熟度,一块田如何判断油菜的成熟度,就需要制定一个标准。一般一株油菜的成熟度是指成熟油菜种子或角果数占整株油菜全部种子或角果数的比值。对于一块油菜田,油菜成熟度通过随机选点调查其成熟油菜种子或角果占采样的全部种子或角果数的比值进行判断。

2.1.5 成熟期与适收期

成熟期是指从播种到收割的时间,通常以天计算。这主要由品种本身的生长特性决定,但同时也受当地的气候条件和一些管理方式的影响。其中温度对于油菜成熟期有很大影响。如果是春种秋收(或夏收)的油菜,一般成熟期在 80 ~ 120 天,早熟品种 80 ~ 110 天,晚熟品种 110 ~ 120 天。我国越冬油菜的成熟期一般200 ~ 300 天。各地播种期不同,长江上游至下游,从 9 月上旬至 10 月下旬都有油菜播种,而收获是在来年 4 月下旬到 5 月下旬。

适收期是指油菜成熟度达到适宜采取不同收获方式开始收获到收获结束的时间。衡量收获方式是否适合的主要依据是收获损失率。显然,在适收期收获损失率低,超出适收期损失率明显增高。适收期越长越适合机械化收获作业,特别是联合收获。

分段收获和联合收获的适收期不同。分段收获需要提前割晒,然后捡拾、脱粒,因此分段收获的适收期主要指适宜割晒开始到脱粒结束的时间。联合收获的适收期是指适宜采取联合收获开始到结束的时间。不同品种的适收期是不同的。影响适收期的因素很多,但主要是油菜的角果抗裂性和茎秆抗倒伏性。角果抗裂性越优良的油菜,可在田里站立更长的时间等待进一步成熟,而不会发生较多的自然落粒,使得成熟度更趋于一致,便于机械收获,降低收获损失率。油菜、水稻、小麦等谷类作物的倒伏会严重影响机械收获的作业效率和损失率。抗倒伏性优良表现在植株生长过程中不发生倒伏现象,甚至到后期也很少发生倒伏现象,便于机械收获,减少收获损失。

关于不同收获方式的适收期,不同地区、不同品种的油菜有不同的判断标准。加拿大制定的《油菜生产手册》较具体地描述了油菜联合收获和割晒、捡拾时机的判断方法。但加拿大油菜是春种秋收,一年一熟,收获时气候条件和油菜的状态与我国长江流域轮作油菜有巨大差别,不能照搬。笔者根据多年的试验并参照国内外的试验研究结论,得出 2 种判断方法(见表 2-6、表 2-7):一是通过油菜外观颜色变化和分枝角度的变化判断的感观判断法;二是通过监测茎秆和籽粒含水率判断的水分检测判断法。

表 2-6　油菜收获时机感观判断方法

收获方式		角果颜色
分段收获	割晒	全株 70% ~80% 角果呈黄绿至淡黄，分枝角果基本褪色，分段收获种皮也由绿色转为红褐色
	捡拾	割晒后后熟 5 ~7 天
联合收获		完熟阶段，90% 上植株外观颜色全部变黄，分枝抬起，联合收获主干顶端不饱满的角果可能裂开

表 2-7　油菜收获时机水分检测判断方法

收获方式		籽粒含水率	角果颜色
分段收获	割晒	35% ~40%	全株 70% ~80% 角果呈黄绿至淡黄，分枝角果基本褪色，分段收获种皮也由绿色转为红褐色
	捡拾	15% ~20%	割晒后后熟 5 ~7 天
联合收获		20% ~25%	完熟阶段，90% 上植株外观颜色全部变黄，分枝抬起，联合收获主干顶端不饱满的角果可能裂开

2.2　油菜茎秆的物理学特性

2.2.1　油菜茎秆的切割力试验测试

试验样品选取成熟期生长良好，无虫害的新鲜油菜茎秆，品种为苏油 1 和史力丰，含水率 67% ~74%。

使用单茎秆往复式切割试验台，实时测量不同切割速度情况下不同品种、截面积、含水率、切割位置的茎秆切割力，获取切割过程中的峰值切割力。试验台通过改变摆锤的摆角获得不同的切割速度，动刀安装在重力摆锤末端，定刀通过传感器固定在移动支架上，移动支架可以调节动刀间隙。数据采集分析系统通过在工控机中安装高频数据采集卡，对传感器测量得到的切割力信号进行数据储存和分析，得到峰值切割力。用 Labview 软件编程对茎秆切割过程中的切割力变化进行数据采集。试验照片如图 2-1 和图 2-2 所示。

图 2-1　试验台控制部分

图 2-2　试验切割刀

长势基本相同的不同品种油菜直播和移栽茎秆切割力测试：

① 在试验田中选取同一时间种植的长势（茎秆高度、茎秆粗细）基本相同的 2 个品种苏油 1 和史力丰油菜茎秆做试验，在同一时间收获取样，并在相同时间进行切割力测试。

② 分别取苏油 1（编号 14 号）茎秆直播 3 株、移栽 3 株，史力丰（编号 18 号）茎秆直播 3 株、移栽 3 株。2 个品种在同一成熟阶段，直播与移栽长势相差不大。

③ 试验中，分别对 14 号直播与 18 号直播、14 号移栽与 18 号移栽茎秆进行切割力试验，比较 2 个不同品种的切割力大小。

④ 试验中，从油菜茎秆根部依次往上 100，200，300，400 mm 处进行切割力试验。试验分别以 1.0，1.5，2.0 m/s 的速度在茎秆不同部位进行切割。

试验数据见表 2-8 和表 2-9。

表 2-8　不同品种直播油菜不同位置的茎秆切割力

切割位置/mm	$\frac{\text{茎秆切割力}}{\text{直径}}$/(N·mm^{-1})					
	v=2.0 m/s		v=1.5 m/s		v=1.0 m/s	
	14 号直播 1	18 号直播 1	14 号直播 2	18 号直播 2	14 号直播 3	18 号直播 3
100	224.6/13.36	385.7/13.68	156.2/14.73	190.4/13.10	307.6/13.53	727.5/13.65
200	200.1/13.01	221.3/13.65	139.2/14.08	209.9/11.37	170.8/13.84	253.9/11.37
300	166.1/12.00	185.5/11.55	156.2/13.56	173.3/11.19	168.4/12.86	273.4/11.19
400	156.2/11.37	167.5/10.77	175.7/12.80	190.1/11.33	167.2/11.63	297.8/11.33

表 2-9　不同品种移栽油菜不同位置的茎秆切割力

切割位置/mm	茎秆切割力/直径/(N·mm⁻¹)					
	v=2.0 m/s		v=1.5 m/s		v=1.0 m/s	
	14 号移栽 1	18 号移栽 1	14 号移栽 2	18 号移栽 2	14 号移栽 3	18 号移栽 3
100	449.2/13.87	625.1/13.30	830.1/12.57	156.2/14.48	487.7/13.00	683.5/13.41
200	253.9/13.65	271.0/13.23	166.1/12.54	173.2/13.65	156.2/12.51	180.6/12.18
300	170.8/13.52	205.1/13.07	105.2/12.30	185.5/12.17	166.1/11.64	356.4/11.76
400	195.3/11.62	283.2/11.44	170.8/11.83	856.2/11.64	156.2/11.37	483/11.45

试验结论:通过在同一时间收获的不同品种油菜茎秆切割力试验比较,得到在同一切割位置,以同样的切割速度,18 号品种不论是直播还是移栽,其茎秆切割力均大于 14 号品种。18 号油菜茎秆的木质素高于 14 号,因此其抗剪强度高,抗倒伏能力优于 14 号。

长势基本相同的同一品种油菜移栽与直播茎秆切割力比较:

① 取试验田中移栽和直播长势基本相同的 18 号品种油菜茎秆,去枝叶,保留主干茎秆做试验。移栽取 9 株,直播取 9 株。

② 试验中,从油菜茎秆根部依次往上 100,200,300,400 mm 处进行切割力试验。试验采用锯齿刀正切,在同一天收获时分别以 1.0,1.5,2.0 m/s 的速度在茎秆不同部位进行切割。分 3 个时间段第 1 天、第 4 天、第 7 天分别做茎秆切割力试验。试验数据见表 2-10。

表 2-10　不同时间同一品种移栽和直播油菜茎秆切割力

天数	切割位置/mm	切割力/N					
		直播切割速度/(m·s⁻¹)			移栽切割速度/(m·s⁻¹)		
		1.0	1.5	2.0	1.0	1.5	2.0
第 1 天	100	424.8	908.2	468.7	435.5	818.5	639.6
	200	742.1	322.1	283.2	917.9	673.8	478.5
	300	292.9	312.5	156.2	327.1	434.5	283.2
	400	209.9	229.4	151.3	419.9	263.6	151.3

续表

天数	切割位置/mm	切割力/N					
		直播切割速度/(m·s^{-1})			移栽切割速度/(m·s^{-1})		
		1.0	1.5	2.0	1.0	1.5	2.0
第4天	100	622.4	185.5	644.5	677.8	844.7	834.9
	200	532.1	156.2	908.2	517.5	535.1	810.5
	300	828.1	156.2	698.2	625.0	791.0	644.1
	400	213.4	170.8	839.8	532.2	566.4	664.1
第7天	100	156.2	693.3	166.1	156.2	156.2	249.1
	200	156.2	629.8	168.2	156.2	156.2	151.3
	300	170.8	346.6	175.7	156.2	194.4	151.5
	400	156.2	190.4	185.5	151.3	175.7	156.2

试验结论:直播与移栽油菜茎秆均以2.0 m/s的速度切割时,在400 mm处切割力最小;长势相当时,在同样速度下,同样位置处,移栽油菜茎秆切割力大于直播油菜茎秆切割力。这说明,移栽油菜茎秆由于在本田生长时间长,茎秆木化程度高,抗剪切能力强,抗倒伏能力可能强于直播油菜;一周内,含水率相差不明显,不同时间段切割力变化不大。

综合以上2个试验可以得出结论,不论是直播油菜还是移栽油菜,切割速度对切割力具有较大影响,但并不是线性变化的,且存在最小值。从表2-8可以大致判断出,1.5 m/s是一个较好的速度值,除极个别外,基本上在此切割速度下切割力较小。对于油菜收获机械设计,应该选择适当的切割速度,以便降低切割甚至脱粒过程的功率消耗。

2.2.2 油菜角果的抗裂性测试

抗裂角性是油菜进行机械化收获的必备性状。但由于我国多年来没有重视相关研究,一直没有有效的室内快速鉴定方法,对油菜品种抗裂角性的评判往往只能依靠在田间对自然落粒的观察,准确度低,对经验的依赖性高,鉴定大量材料时可操作性低。本次试验的主要方法如下:

(1) 材料准备。在收获时选择拟测定品种的油菜株,每株剪取主枝及2个一次分枝,悬挂于棚室自然干燥25~30天后,在主枝和分枝的上、中、下部随机取下100个角果,装入保鲜袋,封口备用。

(2) 主要操作步骤。把成熟并充分干燥的20个角果进行水分平衡烘干,随着烘干的进行，水分逐步释放，质量逐步降低，直到质量不再降低时停止烘干。然后将烘干的角果放入内径14.8 cm、高7.4 cm的圆柱状容器内，放置8个直径为14 mm的小钢珠，然后将整个容器放在台式恒温振荡器(THZ－C)上，以280 r/min的速度摇动，每隔2 min停一次，记录破裂的角果个数，共记录5次，每次记录完后把破裂的角果从容器中取出。最后计算破损指数与抗裂角指数，每材料重复3次。按照下面的公式计算裂角指数S：

$$S=\sum_{i=1}^{10}x_i(11-i)/(\text{角果数}\times\text{总次数})$$

式中：x_i——第i次破损的角果数。

抗裂角指数$R=1-S$。试验检测结果见表2-11。

表2-11　几种油菜杂交组合抗裂角性及其产量表现

序号	品系名称	来源	抗裂角指数R
1	油YL050	贵州省油菜所	0.47
2	杂668	湖南农业大学	0.47
3	三北98	山西三北华中种业	0.45
4	H3115	北京金色农华	0.41

抗裂角指数表明一种油菜其角果在成熟过程中抵抗自然落粒的能力，抗裂角指数高的油菜可以有更长时间在田间成熟，使得成熟度一致性提高，而不会或较少会在此成熟过程中产生较多的落粒损失。在油菜机械化收获过程中，抗裂角性能好，则联合收获时割台损失降低，在分段收获的割晒和捡拾脱粒过程中损失减少。但是，如果抗裂角性特别好，角果很难裂开，将给机器脱粒带来困难，或者增加脱粒功耗、降低脱粒效率，也可能会增加未脱净损失。目前我国的油菜品种，尚没有发现由于抗裂角性强而造成脱粒困难的情况。表2-11所列的是抗裂角性相对较好的国产油菜品种，抗裂角指数达到0.40以上，而国产油菜品种抗裂角指数一般在0.20～0.35之间。

2.3　油菜籽的物理学特性

分别对秦油10、宁杂11和中双11这3个油菜品种的菜籽粒径进行测量。在较多的油菜籽中随机取样7次，在每次取样中随机取出10粒，用游标卡尺分别测其粒径。在较多的油菜籽中随机取样5次，在每次取样中随机取出少量菜籽，在其中数出1 000粒，用天平称量。油菜籽的粒径和千粒重见表2-12。

表 2-12　油菜籽粒径和千粒重

品种	粒径/mm								千粒重/g					
	1	2	3	4	5	6	7	平均	1	2	3	4	5	平均
秦油 10	1.81	1.63	1.60	1.72	1.63	1.72	1.68	1.68	2.67	2.78	2.68	2.80	2.69	2.72
宁杂 11	1.80	1.71	1.65	1.58	1.61	1.74	1.70	1.68	2.62	2.63	2.59	2.60	2.62	2.61
中双 11	1.70	1.68	2.10	1.81	1.72	1.63	1.67	1.76	2.94	2.93	2.89	2.87	2.88	2.90

第 3 章　油菜机械化收获方式的选择

中国油菜主产区分布于长江流域,稻-油轮作是该地区主要的种植制度。从收获特性来说,油菜适收期一般为 3 ~ 5 天,而小麦、水稻都在 7 ~ 10 天。由于油菜是无限花序作物,同一植株不同部位的角果成熟期不一致,特别是移栽油菜,密度低,株型大,成熟一致性更差。近年来的机械化收获试验和生产实践表明:中国南方稻-油轮作区油菜机械化联合收获损失率在 8% 以上,仍然偏高;分段收获损失率一般小于 6% 。分段收获和联合收获 2 种收获方式都已得到普遍应用,但二者各有利弊。为了比较 2 种收获方式的优劣,本章进行了 2 种收获方式的人工模拟对比试验和机械收获对比试验,从机具性能、经济性、适应性、菜籽品质及腾地时间、秸秆还田等方面进行了综合比较分析,以期为油菜机械化收获方式的选择提供参考。

3.1　油菜联合收获与分段收获效果比较

3.1.1　人工模拟油菜联合收获与分段收获对比试验

为了研究油菜联合收获与分段收获 2 种收获方式的差异,采用人工模拟联合收获和分段收获的方法,对 2 种收获方式的收获效果进行对比试验,对不同收获时间的收获经济系数、籽粒和茎秆含水率、收获损失率及菜籽品质进行测试。同时,通过田间生产试验,对 2 种收获方式的机具性能、经济性、适应性等进行全面的比较分析。人工模拟试验条件见表 3-1。

人工模拟联合收获方法:在同一田块随机选择 5 m^2 油菜,把油菜全部收割后小心放置到晒布上进行人工脱粒。脱不下的青绿角果待进一步晾干后脱粒,收集的此油菜籽即为未脱净损失。油菜收获后在 5 m^2 的地面上长出的油菜苗数按 80% 的发芽率折算成落地籽粒质量,此为田间落粒损失。未脱净损失与田间落粒损失之和为收获总损失。测定收获产量、损失率、茎秆含水率、籽粒含水率、经济系数、成熟度,籽粒晾干后测千粒重、含油量、蛋白质含量。间隔 2 天左右进行第 2 个时间点收获,再间隔 2 天进行第 3 个时间点收获,方法同上。

人工模拟分段收获方法:在同一田块随机选择 5 m^2 油菜,把油菜全部割倒,并移送、晾晒到晒布上,调查田间落粒损失(方法同上),割倒、移送所造成的落粒即为割晒损失。在场地上晾晒 4 ~ 5 天进行人工脱粒,未脱净的即为未脱净损失。测定项目同上。

表 3-1 人工模拟试验条件

时间	地点	品种	种植方式	密度/(株·hm^{-2})	基肥施肥量/(kg·hm^{-2})	油菜株高/mm
2011/05/13—2011/05/29	巢湖市农科院试验田	秦优 10,宁杂 11,中双 11	直播	270 000	二铵 225,氯化钾 150,硼肥 22.5	1 550 ~ 1 760
2012/05/17—2012/05/30	巢湖市农科院试验田	秦优 11,大地 55,中双 11	直播	300 000	二铵 225,氯化钾 150,硼肥 22.5	1 500 ~ 1 700
2013/05/13—2013/06/06	巢湖市农科院试验田	秦优 10	直播	300 000	三元复合肥 625,硼肥 22.5	1 580 ~ 1 710

2013 年选择油菜品种秦优 10,在安徽巢湖进行不同收获时间点的人工模拟联合收获、分段收获对比试验,具体数据见表 3-2。

表 3-2 人工模拟不同收获时间(2013 年)经济系数、籽粒和茎秆含水率及损失率比较

收获方式	收获时间/(月/日)	经济系数/%	籽粒含水率/%	茎秆含水率/%	损失率/%	平均损失率/%
联合收获	05/22	33.51	26.70	74.40	34.64*	6.51
	05/24	33.63	23.90	73.70	28.92*	
		33.23	19.70	73.40	6.36	
		33.31	17.14	71.96	5.67	
		33.84	14.50	70.20	6.16	
		—	13.70	67.63	6.61	
		—	10.94	66.30	7.74	
分段收获	05/13—05/22	32.81	11.60	9.40	0.52	3.20
	05/17—05/22	33.13	11.91	11.92	1.12	
	05/20—05/25	33.73	12.04	10.99	4.30	
	05/22—05/28	33.71	12.40	9.77	6.85	
	05/24—05/28	33.66	12.10	14.25	8.12*	

注:* 表示非正常损失率。

试验表明,2 种收获方式在不同收获时间的经济系数差异不大,文中经济系数是指籽粒产量与根茬以上部分总干重的比值(根茬高度为 70 ~ 100 mm)。人工模

拟联合收获籽粒和茎秆含水率随收获时间推迟逐渐下降,变化幅度较大。人工模拟分段收获捡拾时籽粒和茎秆含水率分别为 11.60% ~12.40% 和 9.40% ~14.25%,因晾晒时间长短和天气情况有较小的差异。表 3-2 表明,人工模拟联合收获损失率呈现先陡降后趋缓再升高的变化趋势。这是由于前期收获时油菜成熟度低,未脱净损失很大,当成熟度合适时损失率达到最小,再往后油菜过熟,落粒损失增加。5 月 22 日和 5 月 24 日损失率到达 34.64% 和 28.92%,显然是因油菜成熟度较低而出现不正常损失率,因此去除 34.64% 和 28.92% 这 2 个异常数据后得到平均损失率为 6.51%。人工模拟分段收获的损失率呈现逐步升高的趋势,由于随着割晒时间推迟,油菜成熟度提高,割晒和移送所造成的损失增加,5 月 24 日割晒于 5 月 28 日捡拾总损失率达 8.12%,可认为此时间已不适合割晒作业,故将数据 8.12% 作为非正常数据去除,得到平均损失率为 3.20%,比人工模拟联合收获低 50.8%。

2011 年和 2012 年在安徽巢湖做了多品种的人工模拟联合收获和分段收获的对比试验,2011 年选择秦优 10、宁杂 11 和中双 11 三个品种,2012 年选择秦优 11、大地 55 和中双 11 三个品种,每个品种都做了 2 种收获方式的 3 个时间点收获的试验测试,计算人工模拟联合收获与分段收获损失、产量及腾地时间的差异,见表 3-3。表 3-3 中未脱净损失、落粒损失、总损失、实收产量等参数数值都是 3 次试验的平均值。由 2 种收获方式的损失率和实际收获产量比较可以看出,人工模拟联合收获的总损失率是人工模拟分段收获的 4.6 倍,前者的实际产量是后者的 90.63%,即人工模拟分段收获的实际产量高 9.37%,而且人工模拟分段收获的腾地时间比联合收获平均早 4.8 天。

表 3-3　人工模拟多品种的 2 种收获方式收获效果比较

品种	试验年份/年	未脱净损失	落粒损失	总损失		实收产量		腾地时间		
		质量差/kg	质量差/kg	质量差①/kg	比值②/%	质量差/kg	比值/%	联合收获日期/(月/日)	分段收获日期/(月/日)	腾地时间差/天
秦优 10	2011	0.189 7	−0.019 7	0.170 0	577.40	−0.110	90.60	05/30	05/20	5
秦优 11	2012	0.193 9	−0.026 7	0.167 2	485.82	−0.160	89.87	05/30	05/19	6
宁杂 11	2011	0.087 3	−0.014 0	0.073 3	243.70	−0.039	93.30	05/29	05/17	3
大地 55	2012	0.165 8	−0.022 9	0.142 9	455.47	−0.085	92.28	05/30	05/19	6
中双 11	2011	0.081 1	−0.015 5	0.065 6	387.00	−0.076	87.64	05/29	05/20	4
中双 11	2012	0.179 3	−0.017 1	0.162 2	611.67	−0.115	90.09	05/30	05/20	5
总平均	—	0.149 5	−0.019 3	0.130 2	460.18	−0.098	90.63	—	—	4.8

注:① 质量差 = 联合收获质量 − 分段收获质量

② 比值 = $\frac{\text{联合收获质量}}{\text{分段收获质量}}$

表 3-4 为 2 种收获方式的菜籽品质。由表 3-4 可知,2 种收获方式的菜籽含油量和蛋白质含量没有明显差别,人工模拟分段收获的菜籽的含油量略低于联合收获的含油量,而蛋白质含量略高于人工模拟联合收获。将 2011 年和 2012 年试验采集的 6 个品种 36 份样品委托农业部油料及制品质量监督检验测试中心进行检测,其结果与表 3-4 基本一致。

表 3-4　人工模拟 2 种收获方式的菜籽品质

品种	含油量/%		蛋白质含量/%	
	联合收获	分段收获	联合收获	分段收获
秦优 10	44.33	44.75	21.20	20.78
宁杂 11	45.08	44.52	18.39	19.30
中双 11	44.75	43.78	22.53	23.20

3.1.2　联合收获与分段收获损失率与产量试验测试

(1) 2010 年吴江试验

通过人工模拟联合收获和分段收获,采用实际测量的手段测量实际产量。

作物播种日期:2009 年 10 月 25 日;种植方式(直播、移栽):人工直播;田间生长密度:37.6 株/m^2;无倒伏。

测定日期:2010 年 5 月 30 日至 6 月 2 日;作物品种:史力佳;测定地点:江苏省吴江市黎里镇;作物成熟期(黄熟、黄熟后期、完熟):黄熟期;土壤类型:黄土;机械割晒后,晾晒 3 天。

分段收获模拟:2010 年 5 月 30 日人工收割,收割后在田间晾晒 3 天,6 月 2 日下午在田间人工摔打脱粒,直至脱不下籽粒为止,此收获的籽粒重量折算为含水率 10.5% 的质量,再去掉前期割晒损失,即为分段收获产量。

联合收获模拟:2010 年 6 月 2 日人工收割,割后在田间立即人工摔打脱粒,直至脱不下籽粒为止。此收获的籽粒质量去掉田间损失即为联合收获产量。

作物田间生长状况见表 3-5 所示,2 种收获方式的实测产量见表 3-6。

表 3-5　油菜生长状况田间调查

项目	测定点数					平均
	1	2	3	4	5	
作物自然高度/m	1.40	1.25	1.00	1.31	1.12	1.22
角果底荚高度/m	0.65	0.65	0.61	0.59	0.68	0.64

续表

项目	测定点数					平均
	1	2	3	4	5	
主茎干直径/mm	12.10	12.30	8.01	7.86	11.58	10.38
角果层直径/m	0.55	0.48	0.33	0.36	0.57	0.46

表3-6　2种收获方式产量测定结果

内容	测定点数					平均
	1	2	3	4	5	
取样面积/m^2	1	1	1	1	1	1
框内植株数/株	58	38	37	20	35	37.6
分段收获捡拾收获产量/($g \cdot m^{-2}$)	206.20	209.50	196.90	194.80	210.60	203.60
分段收获割晒落粒损失/($g \cdot m^{-2}$)	6.21	9.45	14.93	12.80	7.45	10.17
去除割晒损失的实收产量/($g \cdot m^{-2}$)	199.99	200.05	181.97	182.00	203.15	193.43
联合收获产量/($g \cdot m^{-2}$)	181.64	190.31	185.43	176.88	175.65	181.98
联合收获落粒损失/($g \cdot m^{-2}$)	9.31	10.24	9.15	15.64	12.38	11.34
去除收获损失的实收产量/($g \cdot m^{-2}$)	172.33	180.07	176.28	161.24	163.27	170.64
分段收获与联合收获产量比较/%						+13.35

注:产量和损失都折算为10.5%含水率计算。

通过实际测量得到模拟联合收获和分段收获的实际产量,从表3-6可以看出,分段收获的实际产量(去掉前道割晒工序造成的落粒损失)为193.43 g/m^2,即129.02 kg/亩,比联合收获的170.64 g/m^2,即113.76 kg/亩高13.35%。同时需要指出,联合收获的青角果不论在模拟试验中还是在实际机械收获中绝大部分都不能被收入粮仓而形成产量,它们或者被直接挤压、打击、粉碎后随茎秆散失,或者形成未脱净损失;而在分段收获中,利用后熟作用可使之变黑变硬,成为成熟的籽粒,在收获中形成产量,因此分段收获产量高于联合收获。

(2) 2011年巢湖试验

在江苏吴江初步试验的基础上,进行人工模拟不同品种、不同时间、不同收获方式(分段收获、联合收获)的收获试验,通过测试收获损失率、实收产量、茎秆及籽粒含水率、经济系数、千粒重、成熟度,研究分析不同收获时间、收获方式对收获效果的影响。通过对不同收获时间茎秆、籽粒含水率的测量,找到收获最佳时机的成熟度测定指标,通过不同收获时间的油菜成熟度外观观测找到适宜不同收获方式的成熟度直观判断方法。

试验于2011年5月份在安徽巢湖市农科所试验田进行。试验品种为秦优10号、宁杂11号和中双11号;2010年10月10日直播,行距33 cm,密度270 000株/hm^2左右。基肥为每亩15 kg二铵、10 kg氯化钾、1.5 kg硼肥;2010年11月10日和2010年11月16日分别按每亩10 kg尿素追施苗肥和蜡肥。

在田地中随机选择5 m^2油菜,在正常收获前2天,把油菜全部收割并小心放置到晒布上进行人工脱粒。脱不下的青绿荚果待进一步晾干后脱粒,收集这些油菜籽即为未脱净损失。把5 m^2田块上之后生出的油菜苗清点出来,按80%的发芽率折算成落地籽粒质量,此为田间落粒损失。未脱净损失与落地籽粒质量之和为该点的收获总损失。测定收获产量、损失率、茎秆含水率、籽粒含水率、经济系数、成熟度,籽粒晾干后测千粒重、含油量、蛋白质含量。间隔2天进行第2个时间点收获,再间隔2天进行第3个时间点收获。方法同第一次。

在同一田块里随机选择5 m^2油菜,在正常适宜割晒的前2天(比联合收获早5天左右),把油菜全部割倒,并移送、晾晒到晒布上,调查落粒损失(方法同前)、未割净损失等,即为割晒损失。在场地上晾晒4~5天进行人工脱粒,脱不下的青绿果即为脱粒损失,测定项目同前。间隔2天进行第2个时间点收获,再间隔2天进行第3个时间点收获。方法同第一次。

试验测试了3个品种在3个时间点的联合收获和分段收获的损失率、实收产量和千粒重,见表3-7、表3-8、表3-9。由表3-10中产量和平均损失率可见,3个品种的分段收获的实收产量均比联合收获的高,平均产量比联合收获高5.2%;3个品种的分段收获的损失率均比联合收获低,分段收获平均损失率比联合收获低76.7%,由14.58%降低到3.40%。这个试验结论表明了分段收获的优势和开展分段收获研究的必要性。

表3-7　秦优10联合收获与分段收获损失率

收获方式	收割时间/(月/日)	脱净损失/kg	田间落粒损失/kg	实收产量/kg	千粒重/g	损失率/%
联合收获	5/25	0.3	0.008 87	1.07	3.0	22.4
	5/27	0.165	0.011 2	1.2	3.0	12.8
	5/29	0.009	0.129	1.24	3.0	1.74
	平均值	0.158	0.049 7	1.17	3.0	12.31

续表

收获方式	收割时间/（月/日）	脱净损失/kg	田间落粒损失/kg	实收产量/kg	千粒重/g	损失率/%
分段收获	5/18	0.000 38	0.013	1.14	2.8	1.16
	5/20	0.002 22	0.030	1.20	2.8	2.61
	5/25	0.008 41	0.005 5	1.18	2.9	5.1
	平均值	0.003 7	0.032 7	1.173	2.83	2.96

表 3-8　宁杂 11 联合收获与分段收获损失率

收获方式	收割时间/（月/日）	脱净损失/kg	田间落粒损失/kg	实收产量/kg	千粒重/g	损失率/%
联合收获	5/18	0.160	0.003 9	0.368	2.6	30.98
	5/20	0.089	0.005 2	2.7	2.7	15.04
	5/25	0.02	0.009 7	0.66	2.8	4.23
	平均值	0.09	0.006	0.519	2.8	16.75
分段收获	5/13	0.0	0.01	0.465	2.6	2.12
	5/15	0.003 1	0.015	0.575	2.6	3.05
	5/27	0.004 4	0.035	0.635	2.6	5.84
	平均值	0.002 5	0.02	0.558	2.6	3.67

表 3-9　中双 11 联合收获与分段收获损失率

收获方式	收割时间/（月/日）	脱净损失/kg	田间落粒损失/kg	实收产量/kg	千粒重/g	损失率/%
联合收获	5/25	0.156	0.003 56	0.420	2.9	27.53
	5/27	0.085	0.004 48	0.556	3.1	13.86
	5/29	0.009	0.008 31	0.641	3.2	2.63
	平均值	0.083	0.005 5	0.539	2.06	14.67
分段收获	5/18	0.0	0.014	0.585	2.8	2.37
	5/20	0.001 93	0.017	0.645	2.8	2.85
	5/25	0.003 47	0.032	0.614	2.9	5.46
	平均值	0.001 8	0.021	0.615	2.83	3.56

表 3-10　不同品种 2 种收获方式的产量与损失率比较

收获方式	品种	实收产量/kg	平均产量/kg	差异/%	损失率/%	平均损失率/%	差异/%
联合收获	中双 11	0.539	0.743	0	14.67	14.58	0
	宁杂 11	0.519			16.75		
	秦油 10	1.170			12.31		
分段收获	中双 11	0.615	0.782	+5.2	3.56	3.40	-76.7%
	宁杂 11	0.558			3.67		
	秦油 10	1.173			2.96		

注:此处的“差异”是指与联合收获相比,分段收获平均产量、平均损失率的差异。

分段收获实收产量高、收获损失率低的原因如下:

① 分段收获充分利用后熟作用,提高了籽粒的成熟度,增加了产量。后熟作用是种子类植物普遍存在的一种母体对下一代的保护作用。但是油菜的后熟作用尤其突出,主要原因是油菜在籽粒成熟期没有叶子,而是利用角果皮进行光合作用。同时,油菜的籽粒占整个植株的质量比重小(谷草比低),后熟作用的潜力大。当处于适收期的油菜割倒后,后熟作用就开始了,阳光的照射加速了后熟作用的进行,使得茎秆、角果皮等植株其他部分的营养加速输送给籽粒,促进籽粒成熟,使原来即将成熟的种子进一步成熟,即使是绿色带浆的种子,也会通过后熟作用形成不饱满种子。采用分段收获,这样的种子也形成了产量。而与此相反,采用联合收获,虽然油菜在田间多生长 3 ~7 天,但是没有如分段收获那样的加速度成熟的过程,籽粒成熟度提高较少;特别是一些绿色带浆的不成熟籽粒,人工脱粒也脱不下来,联合收割机收获过程中被挤压、打击,籽粒完全破碎,黏附在秸秆上一起散失到地间,没有形成产量。在联合收割机作业损失率检测中,这个产量也被人们忽视了。因此,联合收割获得的损失率不是真实的、全部的损失率,而只是人们肉眼看得到的损失。

② 分段收获茎秆、籽粒含水率降低,脱粒清选损失率降低。一方面,茎秆和籽粒含水率全面降低,使脱粒分离彻底,不会产生糊筛现象,便于清选,因此脱粒清选的损失率低。另一方面,籽粒含水率的大幅度降低,标志着成熟度和成熟度一致性提高,有利于进一步减少脱粒清选损失。

3.1.3　油菜机械化联合收获与分段收获的综合比较

(1) 机具作业性能比较

为了进一步比较 2 种收获方式的实际应用效果,2012 年 5 月 31 日—6 月 1 日在江苏省吴江市同里农业科技示范园进行油菜联合收割机实际应用效果的试验,测试了收获损失率、含杂率和作业效率等参数。试验油菜品种为苏油 4 号,采用人工育苗移栽种植,成熟度为接近完全成熟;试验用油菜联合收割机是由国内 12 家油菜联合收割机企业生产的 15 种机型的履带和轮式自走式油菜籽联合收获机。试验检测了损失率、含杂率及实际作业效率,见表 3-11,其中联合收获损失率为 4.96% ~13.18%,平均值为 9.20%;作业效率为 0.36 ~0.71 hm^2/h,平均值为 0.51 hm^2/h;含杂率为 0.25% ~2.93%,平均值为 1.30%。

油菜机械分段收获试验,割晒时间为 2012 年 5 月 27 日,捡拾脱粒时间为 6 月 1 日;地点为江苏省扬州市江都小纪镇;油菜品种为史力佳,成熟度为黄熟;试验机具为农业部南京农业机械化研究所与星光农机股份有限公司联合研制的 4SY -2.0 油菜割晒机和 4SJ -2.0 油菜捡拾收获机。试验测得割晒损失率为 0.8%,捡拾脱粒损失率为 3.2%,总损失率为 4%,含杂率为 1.8%,破损率为 0;实际割晒作业效率略高于捡拾脱粒,两者平均为 0.56 hm^2/h。由于分段收获捡拾之前经过了一段时间晾晒,油菜成熟度高,一致性好,含水率低,因此形成损失率低、破碎率低的良好收获效果;由于割晒作业单一功能作业,机器负荷小,捡拾作业时油菜晾晒后含水率低,作业负荷小,因此割晒和捡拾作业效率高。

表 3-11　15 种联合收割机损失率、含杂率及作业效率

机型	损失率/%	含杂率/%	作业效率/($hm^2 \cdot h^{-1}$)
1	6.69	1.10	0.36
2	12.40	2.10	0.55
3	11.49	0.63	0.46
4	9.20	1.06	0.46
5	10.42	0.25	0.61
6	13.18	1.24	0.55
7	11.20	1.16	0.45
8	10.82	1.40	0.43
9	8.87	0.59	0.51
10	8.26	1.59	0.48
11	5.60	1.40	0.62
12	7.77	1.63	0.51
13	7.55	0.96	0.45
14	4.96	1.49	0.71
15	9.54	2.93	0.55

依据油菜联合收获与分段收获的试验数据，对2种收获方式机器作业性能加以比较。由表3-12可知，分段收获损失率远低于联合收获，比其降低56.5%，作业效率也比联合收获提高约10%，含杂率高于联合收获，但低于国家标准规定值(5%)。

表3-12　2种收获方式的机器作业性能比较

收获方式	损失率/%	含杂率/%	作业效率/($hm^2 \cdot h^{-1}$)
联合收获	9.2	1.3	0.51
分段收获	4.0	1.8	0.56

(2) 经济性比较

从油菜机械化收获的机具、燃油、人工成本及增加的效益等各方面比较2种收获方式的经济性。表3-13以星光农机股份有限公司生产的星光至尊4LL－2.0D油菜联合收割机、4SY－2.0油菜割晒机和4SJ－2.0油菜捡拾收获机为参考，计算其购置、使用、折旧的费用，折算到单位面积作业成本后进行比较。人工成本按机手350元/天，辅助用工按200元/天计算(2014年江苏较发达地区用工调查数据)，则

$$联合收获人工成本 = (350+200)元/天 \div (0.51\ hm^2/h \times 10\ h/天) = 107.8\ 元/hm^2$$

$$分段收获人工成本 = (350+200+350)元/天 \div (0.56\ hm^2/h \times 10\ h/天) = 160\ 元/hm^2$$

寿命期作业量＝作业效率×每天作业时间×每年作业天数×作业年限，文中按每天工作10 h，联合收获每年工作20天，分段收获每年工作25天，一共服务6年计算；机器折旧成本＝购置成本×(1－残值率)÷寿命期作业量，购置成本联合收获机按8万元/台计算，分段收获机按10万元/套计算，残值率为0.3。

表3-13　2种机械收获方式的经济性比较

收获方式	燃油成本/(元·hm^{-2})	人工成本/(元·hm^{-2})	寿命期作业量/hm^{-2}	机器折旧成本/(元·hm^{-2})	增产减损/(元·hm^{-2})	综合经济性/(元·hm^{-2})
联合收获	300	107.8	612	91.5	11 250	10 750.7
分段收获	480	160.0	840	83.3	11 835	11 111.7
比较	180(成本)	52.2(成本)	228	－8.2(成本)	585(收益)	361

由表3-13可知，直接作业成本(燃油成本、人工成本、机器折旧成本)方面分段收获高于联合收获224元/hm^2，考虑分段收获比联合收获减少损失、增加产量的作用，按照试验减损增产5.2%，平均产量2 250 kg/hm^2，菜籽价格5元/kg计算，则分

段收获的经济性优于联合收获,每公顷增加效益(除去成本)361 元。

(3) 适应性比较

油菜收获机械的适应性涉及对作物的适应性、对气候条件的适应性,还涉及适收期的长短等。从表 3-14 中可以看出,2 种收获方式在油菜抗倒伏、抗裂角及株型方面,分段收获的要求较低,即对植株形态有更好的适应性,在适收期方面分段收获也优于联合收获,可延长适收期 3 ~5 天,但分段收获对于小田块收获略显劣势,而且对连续阴雨天适应性差。

表 3-14　2 种收获方式的适应性

收获方式	对作物要求			适收期	气候条件	田块与规模
	抗倒伏	抗裂角	株型			
联合收获	有要求	有要求	有要求	成熟度≥90%,3 ~4 天	雨天、大风、早露等不适宜作业,后期连续阴雨、大风易造成严重损失	小田块即可作业,规模大则效率高,成本降低
分段收获	有要求	无要求	无要求	成熟度≥75%,6.5 ~11 天	雨天、大风不适宜作业,早露可以割晒。后期抗风能力强,连续阴雨不宜作业	集中连片,规模较大,才能弥补机器 2 次下地的不足,获得更高的作业效率

(4) 其他方面比较

除上述 3 个方面,在腾地时间上,由于联合收获在作物成熟度≥90% 时开始收获,分段收获在作物成熟度≥75% 时开始收获,即分段收获可提早 8 ~10 天开始收获,平均提前 4.8 天结束,有利于下茬作物生产。联合收获油菜籽含水率≤20%,需要及时晾晒和机械烘干,而分段收获油菜籽含水率≤12%,便于菜籽的存储。联合收获秸秆含水率高达 75% 左右,增加了秸秆粉碎难度,同时增加了机器动力消耗,而分段收获秸秆含水率仅为 15% 左右,不需要加装秸秆粉碎装置也能达到粉碎还田的要求,而且节省了捡拾作业的动力消耗。

3.2　油菜机械化收获方式的选择

从上节的试验分析可以得出:油菜收获方式的选择恰当与否是影响油菜机械化生产的重要因素。总体来说,分段收获损失率低且可控,对油菜品种、收获状态适应性强，适收期长，腾田时间早及便于秸秆粉碎还田是其突出优势。分段收获的劣势：一是机器2次下田作业，增加了收获过程的复杂性；二是对于阴天多雨的气候适应性差；三是在小田块、小规模的条件下难以显示出效率高的特点。联合收获的缺点是损失率高、适应性差、适收期短，其优点是便捷高效。以下具体从收获条件及适应性、经济性、作业质量等多个方面对2种收获方式的优缺点进行比较，以期为我国南、北方油菜产区机械化收获方式的选择提供参考。

3.2.1 收获条件与油菜机械化收获方式分析

南方油菜种植面积占全国的90%以上，种植方式是以人工移栽为主。移栽油菜茎秆粗壮，油菜上部株体分枝相互交错，分禾困难，无论是分段收获还是联合收获损失都较大，2种收获方式的损失相差不多。另外，油菜上下部位的角果成熟度不一致，收获时过熟的果荚开裂落粒，部分未成熟的果荚含水量很高、难以将其中的籽粒脱下而造成损失。在这种情况下，2种收获方式的损失亦相差不大。北方油菜种植方式以直播为主，直播油菜密度高、株型小，给机械化收获带来方便，既适于联合收获，也适于分段收获。

不同的地区、不同的年份气候条件各不相同，在天气较好，成熟度也一致的情况下，2种收获方式对产量的影响不大。在气温高、天气干燥的时候，适宜联合收获的时间很短，如能有足够的收获机械，使收获过程在短期内完成，则2种收获方式产量差不多；若联合收获不能及时进行，由于分段收获相对于联合收获，收获期可以长些，受天气影响要小些，所以分段收获优于联合收获。在天气阴雨的条件下，联合收获的油菜籽含油量虽然比分段收获的高0.5%，但分段收获的籽粒产量比联合收获高11%，最终产油量也高于联合收获，其原因主要是联合收获损失较多。风力对收获也有较大影响，收获时期风较多的地方，分段收获比联合收获具有更大的优势，可在油菜未成熟时割下晾晒，以延长油菜的适宜收割期，提高产量。

掌握适宜的油菜收获期对减少籽粒损失有很大的作用。试验表明：当油菜籽粒含水量达38%～43%时，籽粒产量最高。此时若用联合收获，由于籽粒未完全成熟，含水量高，脱粒清选困难，损失大。因此，在此时期应采用分段收获，先进行割晒，在含水量为12%～15%时捡拾脱粒可获得最高产量。联合收获宜在油菜籽粒完熟阶段，角果中含水量下降，籽粒含水量为15%～20%时进行。如果含水量过低，角果在受到拨禾轮、分禾板的拨动后极易开裂，落粒损失严重。

综上，油菜在机械化收获过程中发生损失是不可避免的，收获损失又直接影响了菜籽产量。收获损失受到油菜品种的特性、收获时的气候、收获时期等许多因素的影响。具体采用哪种收获方式与不同地域油菜品种、种植方式、生长特性、当时的气候条件有密切关系。

3.2.2　分段收获和联合收获的优缺点比较

油菜机械化收获方式的比较不仅要考虑收获条件的影响,还涉及适应性、经济性、作业质量等影响因素,全面衡量其优势和劣势,并在此基础上进行选择,才能得到想要的结果。

(1) 分段收获的优缺点

分段收获的优点主要包括:

① 相对联合收获可以提前进行收获。分段收获适收期较长,有利于提高单机作业量,使机械化收获社会化服务成为可能,进而提高作业收益。这是农民购置油菜收割机的基本前提,也是推广油菜机械化收获的前提。

② 分段收获适应强。既能适应北方直播油菜,也能适应南方移栽油菜,特别是移栽油菜,相对联合收获分段收获具有更好的适应性和作业质量。

③ 收获的油菜籽粒饱满,有利于提高产量。虽提前收获,但利用割后的后熟作用,仍然可以获得饱满的籽粒,有利于提高产量。

④ 总体收获损失一般不大于联合收获。分段收获的割台损失一般要小于联合收获的割台损失,因为提前割晒落粒少。分段收获的脱粒清选损失也比联合收获小,控制捡拾损失是分段收获的主要问题。但一般来说,分段收获的总损失不大于联合收获。特别是在天气不好的情况下,分段收获更具优势。

⑤ 籽粒含水率低,场院压力小。分段收获经晾晒使籽粒含水率降低许多,收获后籽粒晾晒更容易,场院压力小。

⑥ 分段收获容易组成多种作业形式。在目前油菜联合收获机性能尚不能达到理想要求的情况下,农民可选择人工留高茬割晒,人工收集至田边地头,采用稻麦联合收割机(全喂入)在田边地头脱粒,或者人工割 - 捡拾脱粒机脱粒、割晒机割 - 联合收割机脱粒、割晒机割 - 捡拾脱粒机脱粒等多种作业组合形式。多种作业组合形式适应于不同地区、不同经济水平和装备水平,给农民更多更灵活的选择。

分段收获的缺点主要包括:

① 由于割、脱分两段进行,历时较长。如果割后晾晒 5 天,从割晒到捡拾脱粒,整个收获过程要历时 6 ~ 7 天。

② 所用机具多,2 种机具分 2 次下地作业,增加了组织管理时间。

③ 分段收获籽粒清洁度一般比联合收获低。分段收获时油菜叶、细小分枝经割后晾晒容易在脱粒过程中粉碎,混杂在籽粒中不易被清选出来。

(2) 联合收获的优缺点

联合收获的优点主要包括:

① 收割、脱粒、清选在田间一次完成,历时较短,农民感到省心、省事。

② 收获过程一次完成,不需要像分段收获那样分2次完成,避免了机具2次下地,节省了农民的辅助用工。

③ 在适宜的收获期内,采用具有良好性能的联合收割机收获,能够获得较高的作业效率和较低的损失率,这是农民对联合收获的企望。

④ 对于直播油菜,机械收获难度较小,联合收获容易获得较好的作业效果。

联合收获的缺点主要包括:

① 适宜收获期短,既不能早也不能迟。早收籽粒含水量高,脱粒困难,出油率低;迟收角果易炸裂脱落,割台损失率高。单机作业量受到适收期短的制约,不利于机械化收获社会化服务,因而给联合收割机的推广带来困难。

② 适应性差。除对油菜成熟度适应性差以外,联合收获对移栽油菜株型、分枝、上下层成熟不一致的适应性及对天气的适应性也相对较差。

③ 联合收获的总损失率与收获时机有很大关系,如果时机不当,总损失率将远大于分段收获。就一般情况而言,总损失率不小于分段收获。

④ 联合收获场院压力大。联合收获的菜籽含水率高,一般要烘干或自然晾晒,大面积收获时,需要机械烘干设备或足够的晾晒场地。

3.2.3 分段收获与联合收获的选择

我国油菜种植遍及全国各地,各地自然条件差别很大,油菜播种期和收获期都有很大不同,3—10月均有油菜播种和收获,从而形成了我国油菜品种、栽培制度的多样性。

我国南方特别是长江中下游油菜生产带,收获期在5月中下旬,雨水较多、田块小、收获时间集中,从长远看,宜采用联合收获。联合收获比人工收割(或机械分段收获)推迟5天左右,在蜡熟期收获损失率最低,适收期因此缩短约40%,一般只有7天左右。南方收获期,天气多变,遇上阴雨,机械化收获难以进行。南方的生产体制是以一家一户的小田块种植为主,限制了联合收获的作业面积,降低了联合收割机的利用率;移栽的种植方式使油菜茎秆粗大,分枝交缠,再加上机器性能不够完善,收获损失率高。因此,短期内可采用以分段收获为主,分段收获和联合收获相结合的方式,逐步向联合收获的方式发展。

我国北方主要种植春油菜,收获季节天气较适宜,这一地区大型农场较多,油菜多大面积种植,可用大型联合收获机进行油菜联合收获。我国北方收获期间雨水少,田面干爽,收获自然条件好,种植方式以直播为主,种植密度高,品种适收性较好,分段收获的籽粒产量、籽粒含油量较联合收获高(联合收获的损失较多);分段收获虽然需割晒机、捡拾脱粒机等多种机具完成收获过程,但每个作业工序的作业效率比联合收获高;分段收获还可以采用与人工作业相结合的多种方式完成,灵活、实用。试验表明:北方油菜应以分段收获为主,分段收获生产效率高、适收期长,有利于提高产量和单机收获作业量,增加作业收入。

我国油菜收获多年来以手工作业为主,机械化水平较低,不同地区农村经济水平与生产水平相差较大,在农村经济较发达地区,农村劳动力大量外出打工,劳务相对紧张,劳动力成本也相对提高,这些地区的农民迫切需要发展油菜联合收获技术。对经济欠发达地区来说,分段收获不失为一种解决油菜收获机械化难题的好办法。这种油菜收获方式与常规的农艺比较接近,分段收获对机器要求不高,开发割晒、捡拾、脱粒等机具的工作相对容易一些,投资少,农民容易接受。

综上,油菜机械化收获除与品种培育、栽培技术等密切相关以外,仅就收获机械方面而言,还涉及种植方式、收获方式、收获条件、机械装备等多方面因素。我国油菜从品种、种植方式、种植制度等方面与加拿大、德国等油菜主要生产国一年一熟、机械直播油菜有很大差异,给机械收获带来了更大的困难。因此,不能照搬国外的联合收获和分段收获工艺和装备,需要研究开发适合我国国情的工艺和装备。解决我国油菜机械化收获问题,需要因地制宜,采取适当的方式和相应的机械装备。对于南方,移栽油菜分段收获有更多的优势,现阶段容易实现。当成熟期短的高产、高油、抗角裂的品种培育成功后,才有可能变移栽为直播,从而为联合收获带来方便。

第 4 章　油菜分段收获割晒技术

油菜分段收获的割晒作业对油菜的成熟度及其一致性、株型等不敏感，因此适应性强、适收期长，有利于提高单机收获作业量。油菜割晒作业还可与人工作业相结合，实现机器割晒、人工脱粒与清选，有较强的灵活性和实用性。目前市场上普遍使用的割晒机均适用于水稻与小麦割晒作业，但油菜植株高大，分枝交叉多，现有的割晒机都存在输送不畅、排禾口堵塞等问题。针对上述问题，本章建立了油菜割晒机铺放质量的数学模型，分析了与铺放质量有关的影响因素，设计了可以实现油菜割晒输送、铺放作业的拨指输送链式输送装置，研制了适合南方小田块油菜割晒作业的 4SY－2 型油菜割晒机。本章内容为油菜分段收获割晒铺放机理，拨指输送链式输送装置的设计和油菜割晒机的设计研究提供了较好的参考。

4.1　油菜割晒机铺放质量数学模型与影响因素分析

油菜割晒机是一种有许多输入和输出变量的复杂动态系统，可以用数学模型对油菜割晒机输送和铺放相关因素进行描述。本节分析了油菜的生物形态、割晒时油菜的成熟度、输送和铺放机构结构参数之间的关系，以及排禾口因素对油菜割晒作业铺放质量的影响，给出了铺放质量与机器前进速度及输送装置、排禾口部分参数之间的关系。

4.1.1　油菜割晒机结构和工作原理

油菜割晒机总体设计如图 4-1 所示，主要由拨禾轮部件、水平割刀、竖割刀、机架部件、动力传动部件、输送部件、接口部件组成，整机通过接口部件与联合收获机底盘挂接。

作业时，一方面动力由联合收获机动力输出，经摆环传动机构驱动水平割刀做水平往复运动，驱动竖割刀做竖直往复运动。另一方面，动力输出通过动力传动部件驱动输送部件运动。联合收获机底盘带动割晒机在田间行进，割晒机前方的油菜被水平割刀切割，在竖割刀的作用下，将收割区与待割区的分枝切断，达到分禾的目的。在拨禾轮的作用下，已割的油菜与未割的油菜分离，同时已割的油菜被推向拨指输送链式输送装置，在输送装置的作用下，油菜被呈鱼鳞状铺放于田间。

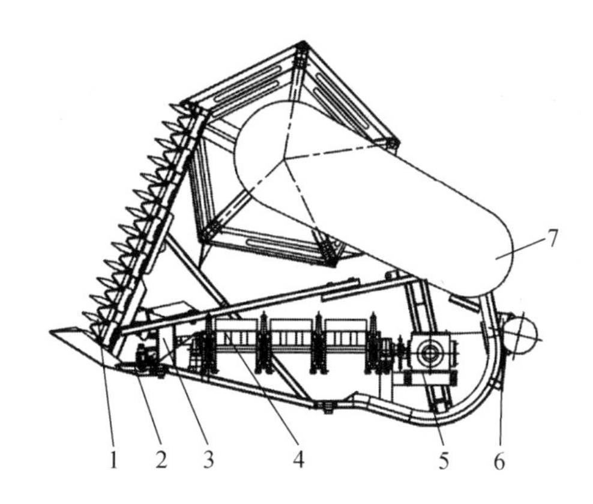

1—竖割刀;2—水平割刀;3—机架部件;4—输送部件;
5—动力传动部件;6—接口部件;7—拨禾轮部件

图 4-1　油菜割晒机结构图

4.1.2　输送与铺放装置结构和工作原理

油菜割晒机输送与铺放装置主要由单带式输送器、横向拨动装置、纵向拨动装置 3 部分组成,如图 4-2 所示。

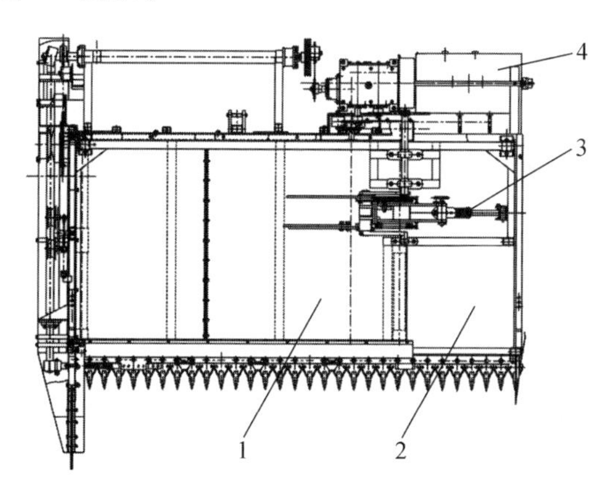

1—单带式输送器;2—排禾口;3—横向拨动装置;4—纵向拨动装置

图 4-2　油菜割晒机输送与铺放装置简图

割倒的油菜在单带式输送器作用下输送到排禾口,在横向拨动装置作用下,快速将输送器上的油菜剥离,在纵向拨动装置作用下,对铺放的油菜茎秆产生一定的压实作用,同时克服油菜茎秆之间的互相牵连,保证条铺形状。工作时,排禾口前的油菜与输送带上的油菜形成 2 个谷物流,如图 4-3 所示。排禾口谷物流在横向拨动装置和纵向拨动装置作用下成片落地,呈鱼鳞状铺放。

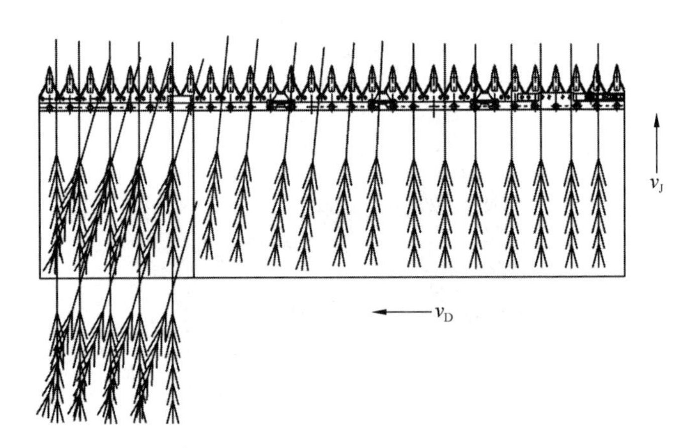

图 4-3　形成条铺的工艺流程

4.1.3　输送与铺放质量数学模型

油菜割晒机是一种有许多输入和输出变量的复杂动态系统。铺放质量可以用铺放角、铺放角度差、条铺密度、条铺宽度、割晒损失等参数描述。在油菜割晒机输入端作用着影响铺放质量的工作条件矢量函数

$$\boldsymbol{F}=\{Q_P(t),W(t),Z_B(t),R(t),v_J(t),v_D(t),v_B(t)\}$$

式中:$Q_P(t)$——油菜籽粒及茎秆产量,kg/m^2;

$W(t)$——油菜割晒作业时的物理性状,包括水分、谷草比、含杂率、成熟度;

$Z_B(t)$——地面行走状态;

$R(t)$——行走阻力,N;

$v_J(t)$——割晒机前进速度,m/s;

$v_D(t)$——输送带速度,m/s;

$v_B(t)$——拨禾轮转速,r/min。

在输入端还作用着控制矢量函数

$$\boldsymbol{U}=\{\delta(t)\}$$

式中:$\delta(t)$——驾驶员操作的变化。

在工作条件矢量函数和控制矢量函数的共同作用下,割晒机铺放质量可以用输出变量矢量函数表示为

$$\boldsymbol{Y}=\{N(t),M(t),Q_B(t),B_B(t),S(t)\}$$

式中:$N(t)$——铺放角,油菜机械割晒铺层茎秆与机器前进方向的后夹角,rad;

$M(t)$——铺放角度差,油菜机械割晒铺层上、下层茎秆铺放角的最大差值,rad;

$Q_B(t)$——条铺密度，kg/m^3；

$B_B(t)$——条铺宽度，m；

$S(t)$——割晒损失。

输入矢量函数 **F** 和控制矢量函数 **U** 共同决定着割晒机铺放质量 **Y**。割晒机铺放质量数学模型如图 4-4 所示。

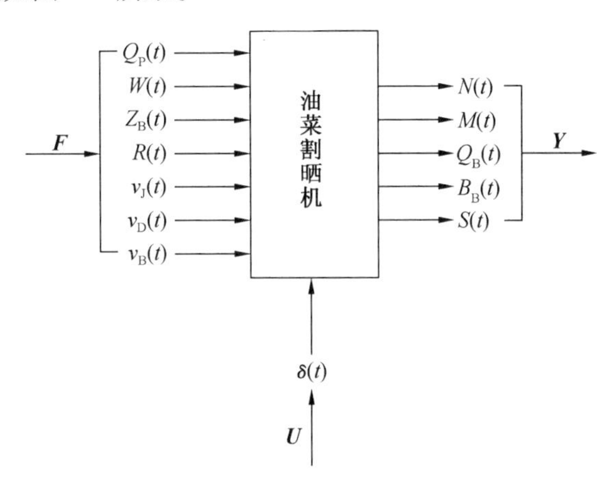

图 4-4　铺放质量信息模型

从铺放质量数学模型中可以看出，影响铺放质量的因素很多，主要包括油菜的生物形态、割晒时油菜的成熟度、机器结构参数之间的关系及驾驶员操作因素。

4.1.4　影响铺放质量的主要因素分析

（1）油菜的生物形态

由于受输送带宽度和油菜割茬高度的限制，卧式割台油菜割晒机不宜割晒生长过高的油菜，但油菜株高过低也不易形成高质量的铺放效果。在江苏省吴江市黎里镇雄锋村进行了 3 种株高的油菜割晒试验，结果见表 4-1。

表 4-1　不同油菜株高对割晒作业质量的影响

油菜株高/m	上层茎秆铺放角/(°)	下层茎秆铺放角/(°)	铺放角度差最大值/(°)
1.50	16.67	20.68	5.01
1.68	19.98	25.97	6.77
1.93	23.87	26.47	14.02

从表 4-1 可以看出，随着油菜株高的增大，割晒作业铺放质量下降。

（2）割晒时油菜的成熟度

油菜应在黄熟期进行割晒作业。晚割要比早割铺放质量高一些。早期油菜茎秆含水率大，质量大，增加了输送的难度，且含水率大的茎秆相互缠绕，影响铺放质量，但晚割损失相对大一些。田间试验表明，在油菜绿熟期进行割晒作业，输送困难，排禾口堵塞严重，铺放质量差。在油菜完熟期进行割晒作业，在输送带和排禾口横、纵向输送装置作用下，损失率高。在油菜黄熟期进行割晒作业，总损失率为0.8%，油菜茎秆铺放角≤30°，铺放角度差≤15°。

（3）铺放质量与机器前进速度、拨禾轮转速及输送装置部分参数之间的关系

油菜割晒机的条放形成是从割台开始的，以4SY－2型油菜割晒机为例，割晒机采用条形防跑偏橡胶输送带作为输送装置，它将割下的茎秆垂直于机器的前进方向输送，然后经排禾口抛在地面铺成条。由于在同一块地上作物茎秆的产量不均匀，割晒机输送器上作物层厚度不断变化，使条铺宽度和条铺密度成为变量。在影响铺放质量的因素中，机器前进速度与输送带速度之间的相互关系非常重要。

割晒机割台上被切割的油菜茎秆呈正方形分布，割台上油菜茎秆的质量

$$G = S_2 B_1 r_1 = h_1 L B_1 r_1 = \frac{v_J W B_1^2}{v_D} \tag{4-1}$$

式中：G——割台上油菜茎秆的质量，kg；

S_2——割台上油菜秸秆的最大断面积，m^2；

h_1——割台上油菜秸秆堆聚的最大高度，m；

L——被切割油菜茎秆的长度，m；

W——单位面积上被切割油菜的质量，kg/m^2；

B_1——输送带的输送长度，m；

r_1——割台上油菜茎秆的密度，kg/m^3；

v_J——割晒机前进速度，m/s；

v_D——输送带转速，m/s。

割晒机作业时，1 m长条铺质量等于相应割幅内1 m长被切割田间作物的质量，若割台上油菜茎秆的密度等于条铺的密度，则有

$$\begin{cases} S_1 r_2 = \lambda b r_2 = W B_0 \\ r_1 = r_2 \\ B_0 = B_1 + d \end{cases} \tag{4-2}$$

式中：S_1——条铺平均断面积，m^2；

r_2——条铺密度，kg/m^3；

λ——条铺平均宽度，m；

b——条铺平均厚度，m；

B_0——割晒机割幅,m;

d——割晒机排禾口宽度,m。

在 t 时间内,输送带送出的谷物流长度为 L_1,形成的条铺长度为 L_2,则有

$$\begin{cases} L_1 = v_D t \\ L_2 = v_J t \end{cases} \tag{4-3}$$

联合式(4-1) - 式(4-3),有

$$\frac{v_J}{v_D} = \frac{L_2}{L_1} = \frac{h_1 L}{\lambda b(1 - \frac{d}{B_0})} = \frac{S_2}{S_1(1 - \frac{d}{B_0})} \tag{4-4}$$

上式描述了机器前进速度、输送带速度、油菜秸秆割倒后在输送带上的状态,以及割晒机输送带与排禾口部分结构参数与条铺质量的关系。针对油菜田间生长状况,选择合理的机器前进速度、输送带转速和拨禾轮转速,可以形成较高的铺放质量。田间试验表明:拨禾轮圆周线速度与前进速度的比值宜控制在1.1~1.5,输送带速度与前进速度的比值宜控制在3.2~5.0。

(4) 排禾口的因素

割倒后的油菜经输送器送至排禾口,采用单边开放,一侧放铺的放铺形式,排禾口大,不宜堵塞。但在排禾口有两股作物流,处在排禾口的油菜茎秆被切割后直接铺放在底层,并且对输送带上油菜茎秆顺利铺放形成干扰。排禾口处输送带离地高度如图4-5所示。

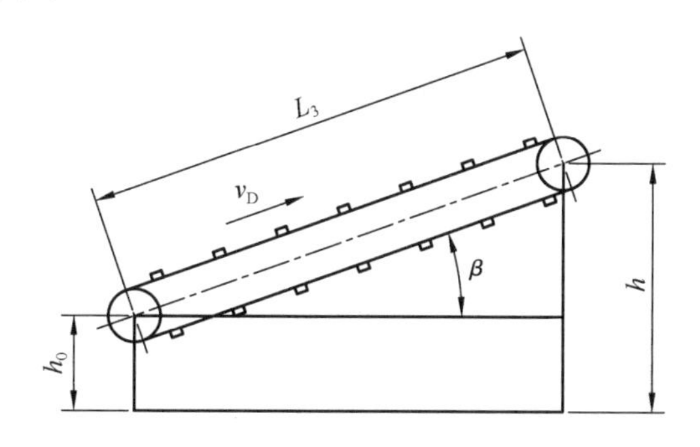

图4-5　排禾口处输送带离地高度简图

$$h = h_0 + L_3/\sin\beta \tag{4-5}$$

式中:h ——排禾口输送带离地高度,m;

h_0——油菜割茬高度,m;

L_3——输送带宽度,m;

β——割晒作业时输送带倾角,(°)。

在排禾口处,割倒的油菜秸秆顺利脱离输送器,排禾口不堵塞必须满足以下

条件

$$h_1 \leqslant h$$

即

$$\frac{v_J \lambda b\left(1-\frac{d}{B_0}\right)}{v_D L} \leqslant h_0 + L_3 \sin \beta \tag{4-6}$$

由于油菜分枝多，角果层直径大，式(4-6)往往不能满足，因此，在排禾口安装横向拨动装置，在输送带上油菜秸秆堆聚到最大高度时，将油菜秸秆剥离输送带。保证排禾口油菜秸秆铺放质量的关键在于横向拨动装置对输送带上油菜秸秆的作用节奏及作用速度的大小。满足以上条件，才能保证排禾口油菜秸秆铺放整齐，不堵塞。

割倒的油菜经输送机构、横向拨动装置作用后铺放在油菜割茬上，由于油菜分枝较多，茎秆之间相互牵连，可以安装纵向拨动装置对铺放的油菜茎秆施以一定的压实作用，同时克服油菜茎秆之间的互相牵连，保证条铺形状。

4.2　油菜割晒机拨指输送链式输送装置研究

目前，国内油菜割晒机的输送铺放装置主要采用橡胶输送带的结构形式，为了加强输送能力，常安装输送拨指或在输送带上增加凸起的加强筋，也可以在油菜割晒机排禾口处安装横向拨动机构和纵向拨动机构。国外的大型自走式专用割晒机则采用抗穿刺和耐撕裂的 V 形带作为输送带，但仅适用于大面积的直播油菜割晒作业，对中国小面积移栽油菜适应性差。

本节对油菜割晒机拨指输送链式输送装置的结构进行设计；分析了拨禾轮对油菜植株的作用过程及对已割油菜茎秆推送作用的过程，给出了输送装置、拨禾轮、割刀三者之间水平与垂直安装距离，以及输送装置安装倾角与推送角之间的关系；分析了拨指运动轨迹方程和输送带上油菜茎秆的受力，给出了机器前进速度、输送带速度、拨禾轮转速之间的相互关系，以期为油菜割晒机研制提供参考。

4.2.1　拨指输送链式输送装置结构设计

(1) 结构和工作原理

拨指输送链式输送装置由 4 条回转的拨指输送链组成，拨指输送链由链条、拨指、导轨、挡块等组成，如图 4-6 所示。拨指输送链安装在链盒中回转，铰接在链条上的拨指受链盒内导轨的控制，可以伸出和缩进。作业时，轴 Ⅱ 上的链轮带动链条

5 转动,在链条上间隔分布着拨指 4,通过销轴 3 与链条 5 活动连接,拨指 4 可以绕销轴 3 转动,随着轴Ⅱ转动,链条 5 自右向左运动,当拨指 4 的末端 1 碰到导轨 2 时,拨指 4 伸出,在轨道的作用下,保持伸出状态,倒向输送部件的油菜在伸出拨指的作用下向排禾口输送。当拨指 4 运动到左边时,脱离轨道,碰到挡块 6,实现回缩,完成油菜茎秆铺放。在底板 7 的作用下,拨指 4 保持回缩状态。

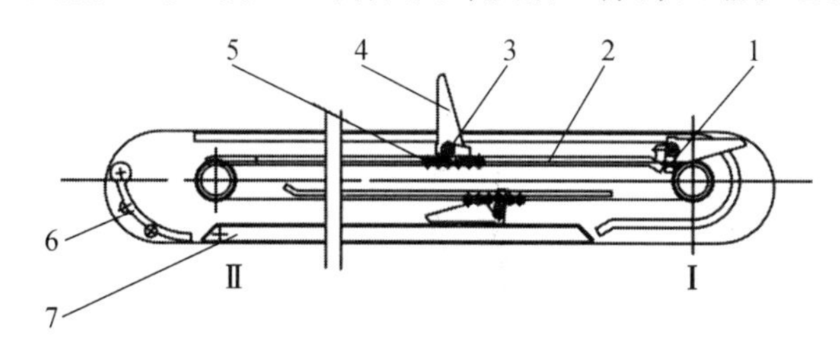

1—拨指末端;2—导轨;3—销轴;4—拨指;5—链条;6—挡块;7—底板

图 4-6　拨指输送链结构图

(2) 排禾口结构设计

油菜茎秆在输送链的作用下,随拨指向排禾口运动,在排禾口处,拨指回缩,油菜茎秆的输送速度逐渐减为 0,拨指回缩过早,油菜茎秆输送速度减为 0 时,如果油菜茎秆还没脱离输送带,堆积在输送带末端的油菜茎秆必须靠后继的油菜茎秆将其推离输送带,否则会引起排禾口堵塞,在铺放效果上,会引起铺放成堆现象。所以,在结构允许的条件下,拨指应推迟回缩,将油菜茎秆推离输送带。

如图 4-7 所示,为保证拨指能顺利伸缩,在结构上应满足

$$R^2 \geqslant L_1^2 + \left(\frac{Z_1 p}{2\pi}\right)^2 \tag{4-7}$$

式中:R——轴Ⅱ中心到挡块端点 A 的距离,mm;

L_1——拨指长度,mm;

Z_1——轴Ⅱ上链轮齿数;

p——轴Ⅱ上链轮节距,mm。

由于拨指的回缩受轨道控制,所以,在保证拨指碰到挡块回缩不干涉的条件下,轨道应尽量前伸,轨道最短应达到点 B,与链轮轴中心线在一条线上,这样才能保证拨指回缩到链盒内之前一直对油菜茎秆有拨动输送作用。另外,应保持排禾口顺畅。

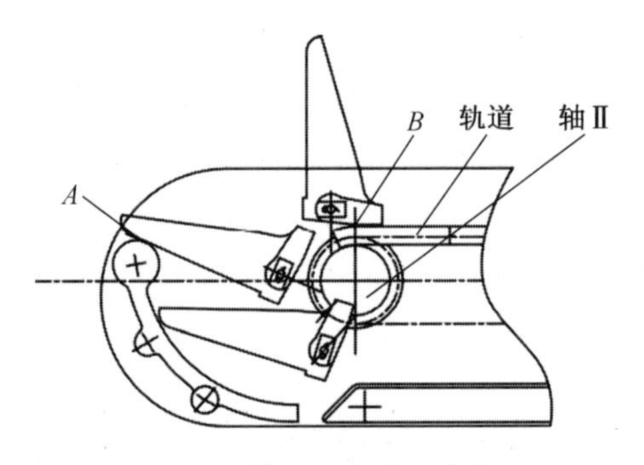

图4-7　排禾口结构示意图

4.2.2　输送装置、拨禾轮、割刀相互位置关系

(1) 输送装置、拨禾轮、割刀的水平距离

由于油菜冠层直径达到0.46～1.35 m，在油菜割晒作业时，拨禾板不仅对直接相接触的油菜茎秆起压斜作用，而且还把这种作用传播到相邻的一组油菜茎秆上。

如图4-8所示，设任一拨禾板从A_1处插入油菜茎秆，直接作用在茎秆BA_1上，把它压斜，并压缩与它相邻的一组茎秆。当拨禾板沿余摆线圆弧从A_1移到A_2的过程中，由于油菜茎秆冠层直径比较大，油菜茎秆相互交织，这种压缩波便传播到茎秆B_3A_3上，引起角度为α的区域内油菜茎秆的振动和倾斜，油菜茎秆的振动会引起油菜角果层脱落，引起割晒作业落粒损失；油菜茎秆的倾斜会引起油菜茎秆在输送台堆积，输送不整齐。割刀安装在输送装置前端，在拨禾轮和输送装置、割刀的水平安装距离上，割刀须在油菜茎秆压缩波传递的时候，提前将油菜茎秆割倒，减少落粒损失，使油菜茎秆提前倒向割台，铺放整齐，有利于输送。在图4-8中，割刀相对于拨禾轮正常安装条件下，当拨禾轮轴到点O_1时，割刀在点C_1，割刀相对于拨禾轮最大提前量可以到点C_4。所以，$0 \leqslant b \leqslant B_1B$，即

$$0 \leqslant b \leqslant \frac{R}{\lambda}\sqrt{\lambda^2 - 1} \tag{4-8}$$

式中：b——割刀相对于拨禾轮轴的水平安装距离，mm；

R——拨禾轮半径，mm；

λ——拨禾速度比。

实际工作中，视油菜生长密度来调节拨禾轮相对于割刀和输送装置的水平距离，油菜生长越密，拨禾轮相对于割刀的水平距离越大。考虑到联合收获机兼收水稻和小麦，取拨禾轮半径$R = 500$ mm，λ取1.0～1.2，拨禾轮中心与割刀的水平距离调节范围应为0～276 mm，设计时取140 mm，在结构设计上可以前后调节20 mm。割刀和输送装置前端之间的水平距离应根据油菜茎秆高度而定，一般不超过300 mm。

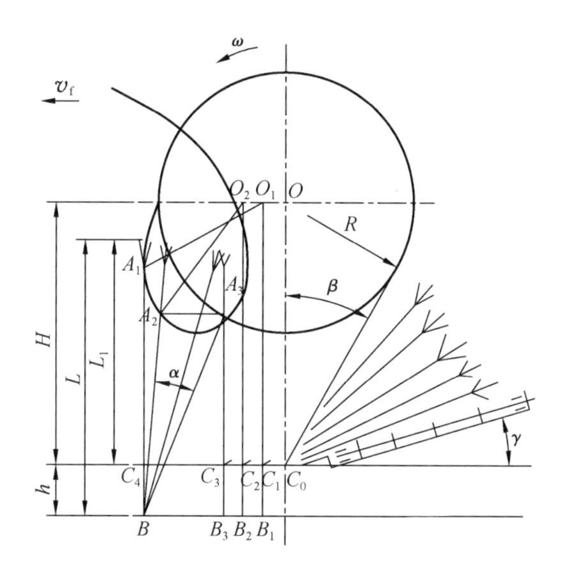

图 4-8　拨禾轮、割刀和输送带相互位置关系示意图

(2) 输送装置、拨禾轮、割刀的垂直距离

油菜割晒作业过程中,茎秆被割断后,要求拨禾板继续起推送作用,使割倒的油菜茎秆离开割刀,并且在拨禾板的推送作用下,整齐地向后铺放在输送带上,因此拨禾板的作用点应位于已割倒的油菜茎秆重心的稍上方,这样就能将油菜茎秆稳定地向后推送,直至油菜茎秆与拨禾轮圆周相切的位置。

如图 4-8 所示,若油菜茎秆已割部分的长度为 L_1,重心的位置一般在顶部向下的 1/3 处,即 $l = L_1/3$,因此,要使拨禾轮对割倒的油菜茎秆有稳定的推送作用,拨禾轮中心与割刀的安装高度需满足

$$H > R + \frac{2}{3}(L - h) \tag{4-9}$$

式中:H——拨禾轮中心与割刀的安装高度,mm;

L——油菜生长高度,mm;

h——割刀离地高度,mm。

在实际设计中,综合考虑移栽油菜和直播油菜,割后油菜植株质心的平均高度为 600 mm 左右,当拨禾轮半径为 500 mm 时,拨禾轮中心的高度应大于 1 100 mm。拨禾轮高度由液压控制,高度可调。输送装置前端与割刀的垂直距离应小于 125 mm,否则割倒的油菜茎秆会堆积在割刀上,影响输送。

(3) 输送装置安装倾角

油菜茎秆被割断后,脱离地面到达输送带,由于拨禾轮相对输送带做圆周运动,油菜茎秆与拨禾轮圆周相切的位置就是拨禾板推送油菜茎秆的最后位置,如图

4-8 所示。

油菜茎秆被割倒经过拨禾轮的推送作用之后,应即时顺利地倒向输送带,所以,输送带安装倾角应满足

$$\gamma \leqslant 90° - \beta = 90° - \arcsin \frac{R}{H} \tag{4-10}$$

式中:β——拨禾轮的推送角,(°)

γ——输送带安装倾角,(°)。

由于油菜在割晒作业时处于黄熟期,茎秆韧性较好,拨禾轮对油菜茎秆的扶持切割作用可以减弱,由图 4-8 可知,拨禾轮相对于割刀后移,推送角增大,拨禾轮对油菜茎秆的推送作用加强,有利于把割倒的油菜茎秆快速、顺利地推向输送带。

在实际设计中,输送带安装倾角取 10°~20°。倾角过大或过小,都会引起油菜茎秆交叉,影响铺放效果。

4.2.3 输送装置运动学和动力学分析

(1) 拨指运动轨迹

拨指运动是随链条向排禾口运动和随机器前进运动的合成,运动轨迹方程如下:

$$\begin{cases} x = v_D t \\ y = v_J t \end{cases} \tag{4-11}$$

式中:v_D——输送带速度,m/s;

v_J——机器前进速度,m/s。

由式(4-11)可以看出,拨指的运动轨迹方程是一条斜率为 v_J/v_D 的斜线,在实际输送过程中,输送的速度与机器前进速度的比值会影响输送的油菜茎秆的轨迹。

(2) 输送带上油菜茎秆的受力分析

输送带上油菜茎秆的受力如图 4-9 所示,切割后的油菜茎秆倒在输送带上,进行横向输送的条件为

$$F_1 + F_2 + F_3 + F_4 > P + f_1 + f_2 + f_3 + f_4 + f_5 + f_6 + f_7 + f_8 + f_9 \tag{4-12}$$

式中:F_1, F_2, F_3, F_4——输送拨指对茎秆的作用力,N;

P——切割后油菜茎秆下滑前伸受到未割油菜茎秆的阻力,N;

f_1——油菜茎秆根部在输送过程中与切割器、护刃器的摩擦阻力,N;

f_2, f_3, f_4, f_5——油菜茎秆与链盒之间的摩擦阻力,N;

f_6, f_7, f_8——油菜茎秆与输送带之间的摩擦阻力,N;

f_9——油菜茎秆穗部与割晒台后侧板之间的摩擦阻力,N。

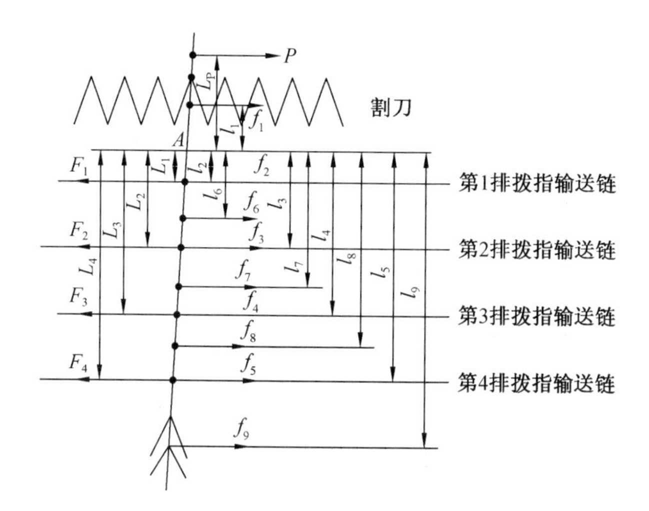

图 4-9 输送带上油菜茎秆的受力分析

在输送带安装的过程中,第 1 条输送链高出割刀平面一定高度,形成一个台阶,所以,倒向输送带的油菜茎秆首先与该台阶接触,即图 4-9 中的点 A。所以,油菜茎秆在输送过程中,保持整齐不倾斜输送的必要条件是各力绕点 A 的力矩之和为 0,即

$$F_1L_1+F_2L_2+F_3L_3+F_4L_4+PL_P+f_1l_1=f_2l_2+f_3l_3+f_4l_4+f_5l_5+f_6l_6+f_7l_7+f_8l_8+f_9l_9 \tag{4-13}$$

式中:$L_1,L_2,L_3,L_4,L_P,l_1,l_2,l_3,l_4,l_5,l_6,l_7,l_8,l_9$——分力 $F_1,F_2,F_3,F_4,P,f_1,f_2,f_3,f_4,f_5,f_6,f_7,f_8,f_9$ 到点 A 的力臂,m。

(3) 输送带上油菜茎秆的速度分析

输送带上油菜茎秆的速度如图 4-10 所示,在与输送带垂直的平面内,输送带上的油菜茎秆随机器一起前进的速度为 v_J,同时,拨禾轮对油菜茎秆向后推送产生一切向速度 v_T。在输送平面内,油菜茎秆随输送带的前进速度为 v_D,油菜茎秆的速度是以上 3 个速度的合成。

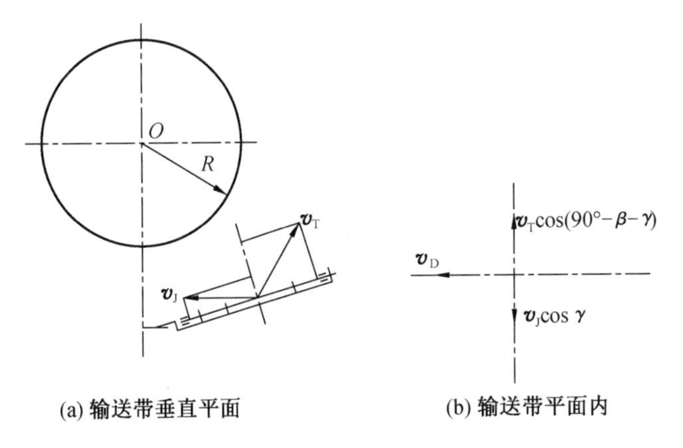

图 4-10　输送带上油菜茎秆的速度分析

在输送平面内，油菜茎秆的速度如图 4-10 b 所示，从图中可以看出，油菜茎秆具有和输送带以同步速度向排禾口输送的条件是

$$R\omega\cos(90°-\beta-\gamma)=v_J\cos\gamma \tag{4-14}$$

式中：ω——拨禾轮角速度，rad/s。

4.2.4　机器前进速度、输送带速度、拨禾轮转速之间的相互关系

油菜割晒机所割油菜数量取决于割幅、机器前进速度及油菜生长密度。割倒的油菜茎秆进入输送带，铺成一定的厚层，所以输送带的速度要与切割量相互适应。

如图 4-11 所示，输送带上任一点从轴 Ⅰ 往排禾口所走的距离 x 与机器在同一时间内所走的距离 y 成正比，即

$$\frac{x}{y}=\frac{v_D}{v_J} \tag{4-15}$$

式中：x——输送带上任一点从轴 Ⅰ 往排禾口所走的距离，mm；

y——机器在同一时间内所走的距离，mm。

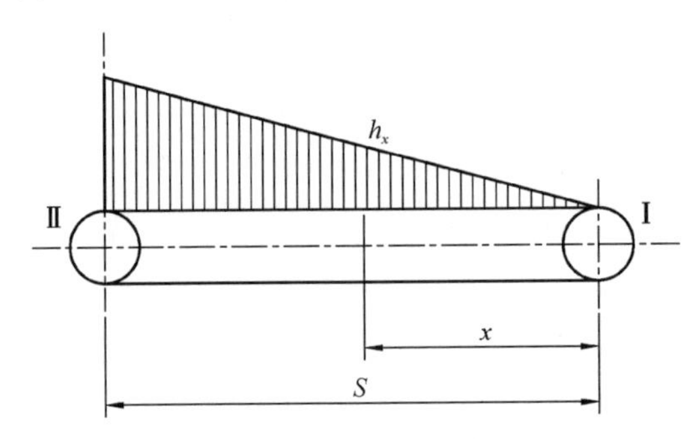

图 4-11　输送带上油菜茎秆输送过程示意图

所割油菜的数量与油菜生长密度及机器前进时所切割的面积成正比,即

$$q_x = \frac{1}{2}kxy \tag{4-16}$$

式中:q_x——所割油菜的数量,即所切割面积内油菜茎秆的质量,kg;

k——单位面积内生长的油菜茎秆质量,kg/m^2。

割倒的油菜茎秆经过输送带输送后,在距离为 x 处堆积高度为 h_x,则有

$$q_x = k_1 \frac{xBh_x}{2} \tag{4-17}$$

式中:h_x——在距离为 x 处油菜茎秆的堆积高度,mm;

B ——输送带宽度,mm;

k_1——单位体积内割倒的油菜茎秆质量,kg/m^3。

由式(4-15)~式(4-17)可知:在输送带末端,即排禾口处,油菜茎秆堆积高度为

$$h_l = \frac{k}{k_1 B}\frac{v_J}{v_D}S \tag{4-18}$$

式中:h_l——输送带末端油菜茎秆堆积高度,mm;

S——输送带长度,mm。

由图 4-8 可知,要实现输送带上油菜茎秆在排禾口处顺利铺放,h_1 必须满足

$$B\sin\gamma + h < h_l < H - R \tag{4-19}$$

另一方面,输送带输送油菜茎秆的量应与拨禾切割油菜茎秆的量相互适应,即

$$\frac{S}{v_D}v_J\,\frac{1}{m} = nX_z = n\,\frac{2\pi R}{z\lambda} = n\,\frac{2\pi R}{z}\frac{v_J}{R\omega} \tag{4-20}$$

式中:m——油菜种植株距,mm;

n——拨禾轮节距个数;

X_z——拨禾轮节距,m;

z——拨禾轮拨禾板数目;

ω——拨禾轮角速度,rad/s。

式(4-19)和式(4-20)给出了机器前进速度、输送带速度、拨禾轮转速与油菜茎秆顺利输送铺放的相互关系。

综上,拨禾轮圆周线速度与机器前进速度的比值应控制在 1.1~1.5,输送带速度与前进速度的比值应控制在 3.2~5.0。田间试验表明:油菜割晒作业总损失率≤0.85%,油菜茎秆铺放角≤32°,铺放角度差≤25°。

4.3 4SY－2 型油菜割晒机的设计与试验

4.3.1 整机结构

4SY－2 型油菜割晒机适合南方小面积移栽油菜割晒作业，与联合收获机底盘配套，主要由传动箱、横向输送机构、拨禾轮、竖割刀、分禾器、水平割刀、单带式输送器、摆环传动机构、机架、纵向输送机构等组成，如图 4-12 所示。油菜收割后呈鱼鳞状铺放于田间，便于摊晒和后续捡拾作业。

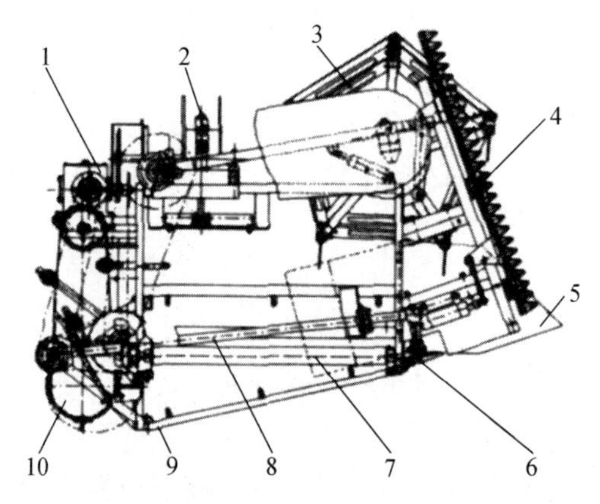

1—传动箱；2—横向输送机构；3—拨禾轮；4—竖割刀；5—分禾器；
6—水平割刀；7—单带式输送器；8—摆环传动机构；9—机架；10—纵向输送机构

图 4-12 4SY－2 型油菜割晒机结构简图

机具与联合收获机底盘配套，采用全喂入联合收获机割台的挂接方式。作业时，一方面，动力由联合收获机输出经摆环传动机构驱动水平割刀做往复运动，另一方面，动力输出通过传动箱驱动单带式输送器、横向输送机构、纵向输送机构运动。当联合收获机底盘带动割晒机在田间行进时，割晒机前方的油菜被水平割刀切割，在竖割刀的作用下，将收割区与待割区的分枝切断，达到分禾的目的。在拨禾轮的作用下，已割的油菜与未割的油菜分离，同时将已割的油菜推向割台，在单带式输送器的作用下，倒向割台的油菜向排禾口输送，在横向输送机构的往复作用下，油菜被拨离单带式输送器，在纵向输送机构的作用下，呈鱼鳞状铺放于排禾口处。4SY－2 型油菜割晒机的主要技术参数见表 4-2。

表4-2 4SY－2型油菜割晒机的主要技术参数

参数	数值
配套动力/kW	35~50
幅宽/m	2~3
割茬高度/m	0.30~0.40
作业效率/($hm^2 \cdot h^{-1}$)	0.27~0.40
可靠性/%	≥95
损失率/%	≤2.0

4.3.2 主要工作部件设计

(1) 单带式输送器

作业时,拨禾轮首先将机器前方作物拨向切割器,切断后被拨倒在单带式输送器上,送至排禾口。单带式输送器由主动辊、条形防跑偏橡胶输送带、弹性拨齿、从动辊组成,如图4-13所示。从动辊的位置可以移动,其轴承座用丝杠拉紧,以便调节输送带的张紧度。主动辊和从动辊的直径均为6 cm,输送带带长1.9 m,带宽1 m。

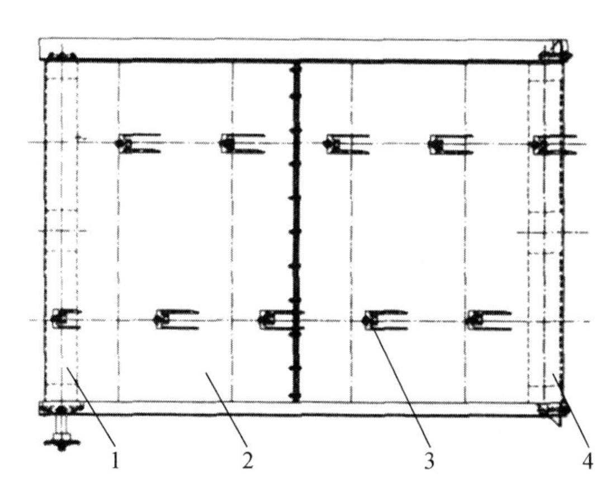

1—主动辊;2—输送带;3—弹性拨齿;4—从动辊

图4-13 单带式输送器结构简图

作业时,机器前进速度为0.43~0.96 m/s,割幅2 m。按照田间测定的数据,油菜角果层直径为0.44~0.72 m,移栽油菜株距为0.16~0.20 m,直播油菜株距约为0.05 m,当割晒移栽油菜,输送带上堆积2株左右油菜时或割晒直播油菜,输送带上堆积5株左右油菜时,油菜堆积高度比较合理。对于移栽油菜每秒每行将有 2.7 株油菜被切割后倒向输送带,对于直播油菜每秒每行将有 8.7 株油菜被切割后倒向输送带,因此输送带的输送速度为 4 m/s,转速为 860 r/min。

(2) 横向输送机构

割倒后的油菜经单带式输送器送至排禾口,由于油菜分枝多,排禾口处油菜不能顺利脱离输送器,容易造成排禾口堵塞。为此安装在排禾口处的横向输送机构装有拨叉以便在排禾口处快速将输送器上的油菜剥离。横向输送机构由拨叉、曲柄、连杆、摇臂、支座构成,如图 4-14 所示。作业时,拨叉端部沿图 4-15 的轨迹运动,拨叉端部轨迹所标各点与曲柄的各等分点相对应,由此看出,拨叉的工作行程 6-7 和7-8 较大,即此时拨叉端部速度较快。

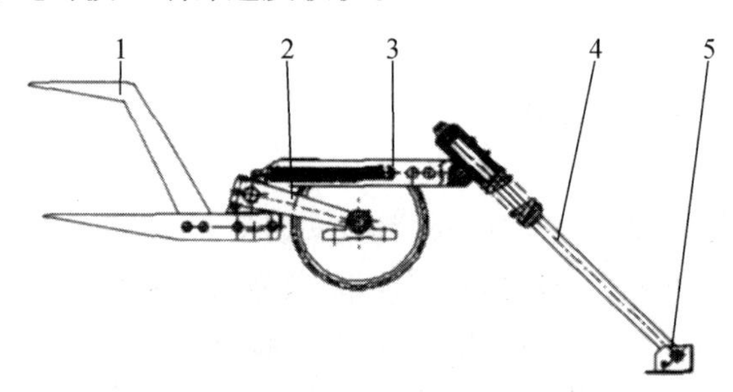

1—拨叉;2—曲柄;3—连杆;4—摇臂;5—支座

图 4-14 横向输送机构结构简图

拨叉端部速度 v_C 可利用拨叉的瞬时回转中心求得,如图 4-16 所示。图中点 O 为拨叉端部转至点 C 时的拨叉瞬时回转中心,计算式为

$$v_C = \omega \frac{l_{OC}}{l_{OA}} \tag{4-21}$$

式中:v_C——拨叉端部的瞬时速度,m/s;

r ——曲柄半径,m;

l_{OC}——瞬时回转中心至拨叉端部的长度,m;

l_{OA}——瞬时回转中心至曲柄端部的长度,m。

由式(4-21)求得在拨叉轨迹的点 6,7,8 拨叉端部的速度分别为 5.09,5.53,4.48 m/s。

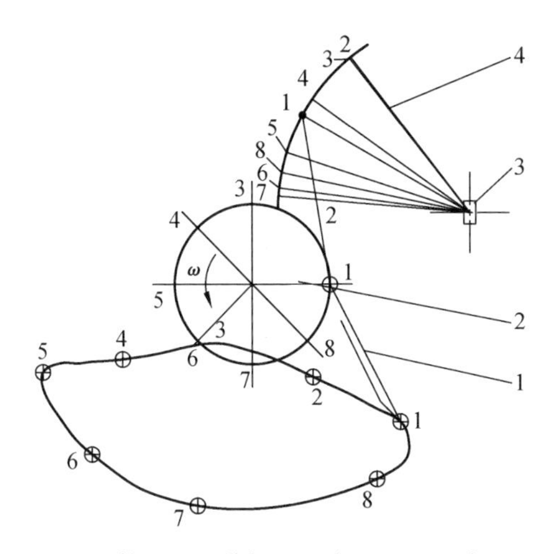

1—拨叉;2—曲柄;3—支座;4—摇臂

图 4-15　拨叉端部轨迹曲线

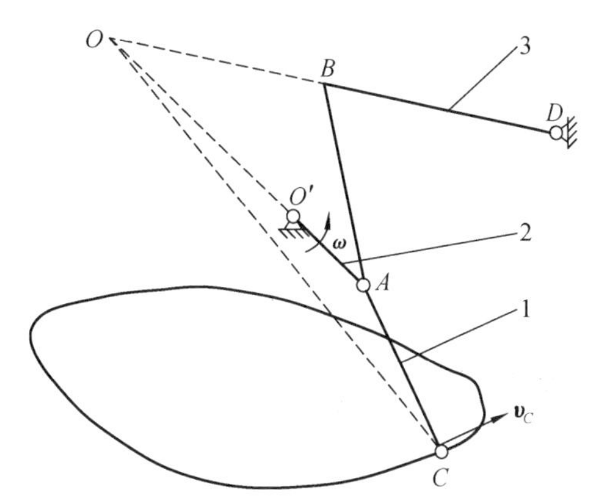

1—拨叉;2—曲柄;3—摇臂

图 4-16　拨叉端部速度的图解

(3) 纵向输送机构

纵向输送机构由传动挂接机构、扒指、回转筒体构成,如图 4-17 所示。工作时,该装置挂接在排禾口后部,在传动链的带动下,回转筒体旋转带动扒指一起旋转。由于扒指与回转筒体不同心,扒指相对筒面做伸缩运动,油菜茎秆在扒指的伸缩运动作用下被拨向排禾口后方,克服了油菜茎秆之间的互相牵连,保证条铺形状。回转筒体浮动在铺放的油菜茎秆上,对铺放的油菜茎秆有一定的作用。

割下的油菜茎秆长度一般为 1.3 m 左右,为避免回转筒体被油菜茎秆缠绕,回转筒体的周长应大于割下的油菜茎秆长度,因此其直径取 0.45 m。伸缩扒指由 8 个扒指并排铰接在扒指轴上,通过曲柄与固定半轴固结在一起,因而扒指轴中心与回转筒体有一偏心距 e,扒指的外端穿过球铰链接于回转筒体上。当扒指转到后方时应缩回回转筒体内,以免回带油菜茎秆,但为了防止扒指端部磨损,扒指在回转筒体外应留有 10 mm 的余量。考虑到油菜秸秆相互之间的牵连,扒指转到前方应伸出回转筒体外 100 mm,以便具备一定的抓取能力(如图 4-18 所示),伸缩扒指的长度

$$L = R - e + 100 = R + e + 10 \tag{4-22}$$

式中:R——回转筒体半径,mm。

由式(4-22)求得 $L = 280$ mm,$e = 45$ mm。

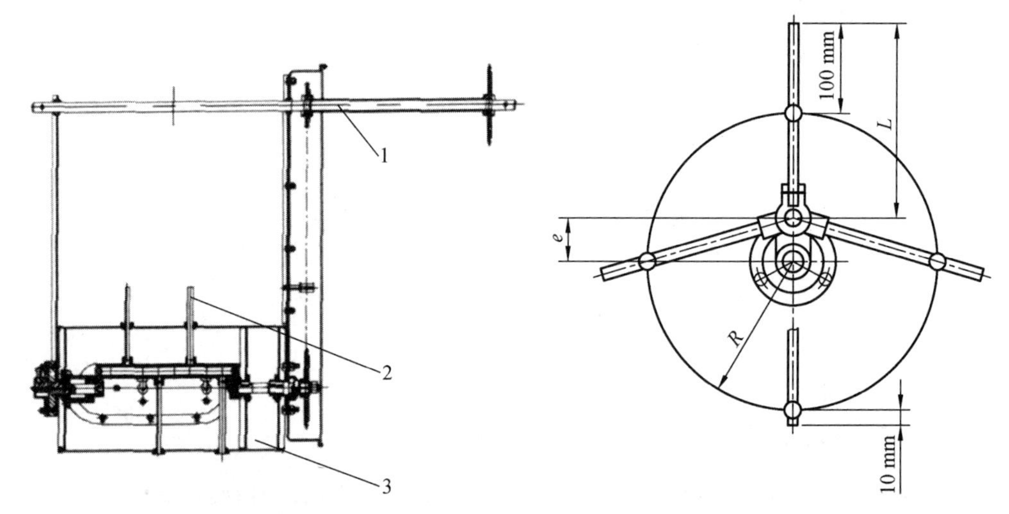

1—传动挂接机构;2—扒指;3—回转筒体

图 4-17　纵向输送机构结构简图

图 4-18　伸缩扒指长度及偏心距

（4）挂接升降装置

4SY－2 型油菜割晒机机架上设置挂接圆管,挂接在联合收获机底盘挂接底座上,由半圆形固定卡通过螺栓联接固定,挂接圆管可以自由转动,如图 4-19 所示。该机升降采用单作用液压油缸控制。

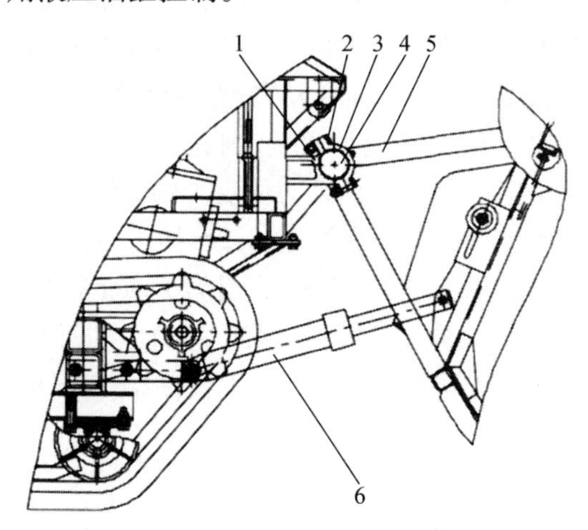

1—联合收获机底盘挂接底座;2—螺栓联接;3—固定卡;4—挂接圆管;5—机架;6—液压油缸

图 4-19　挂接升降装置结构简图

4.3.3　油菜割晒机性能试验

（1）试验条件

2009 年 5 月 29 日在江苏省江都市小纪镇进行直播油菜与移栽油菜收割试验。直播油菜品种为秦油7 号，密度 67.3 株/m^2，自然高度 168.1 cm，底荚高度 104 cm，主茎秆直径 14 cm，角果层直径 42.8 cm，自然落粒 17.6 粒/m^2。移栽油菜品种为秦油7 号，密度 21.6 株/m^2，自然高度 192.5 cm，底荚高度 107.2 cm，主茎秆直径 22 cm，角果层直径 49.6 cm，自然落粒 11 粒/m^2。茎秆含水率 74.8%，籽粒含水率 24%。

（2）油菜割晒作业质量评价指标

铺放角：油菜机械割晒时铺层茎秆与机器前进方向的后夹角。

铺放角度差：油菜机械割晒时铺层上、下层茎秆铺放角的最大差值。

油菜机械割晒总损失：由割台损失和铺放损失组成。割台损失为油菜机械割晒时，因割台工作造成的籽粒损失。铺放损失为油菜机械割晒时，因铺放造成的籽粒损失。

（3）试验结果

试验数据如下：作业面积 1.07 hm^2，平均割茬高 0.36 m，平均割幅 1.46 m，铺放宽度 1.45 m，铺放间距 1.93 m，铺放高度 0.83 m，作业速度 0.31 ~ 0.56 m/s。移栽油菜割晒作业时上层茎秆铺放角为 19.98°，下层茎秆铺放角为 25.97°，铺放角度差为 14.02°，割晒总损失率为 0.20%。直播油菜割晒作业时上层茎秆铺放角为 23.87°，下层茎秆铺放角为 26.47°，铺放角度差为 6.77°，割晒总损失率为 0.77%。从试验数据可以看出，油菜割晒作业损失率较低，铺放质量达到要求。油菜收割作业质量还没有相关标准，参照水稻、小麦收割作业质量标准规定铺放角 0° ±20°，角度差小于或等于 20°，对照实际测定的油菜铺放角度与角度差，基本达到要求。

第5章 油菜分段收获捡拾脱粒清选技术

油菜分段收获的割晒作业完成后，使用油菜捡拾脱粒机进行捡拾脱粒作业，完成分段收获。分段收获捡拾脱粒的作业对象是经过割铺、晾晒后的油菜，在秸秆和籽粒的含水率、角果抗裂性、植株形态等方面，与联合收获时站立在田间的油菜有显著不同，所以不仅需要设计作业效果好、损失率低的捡拾器，还需要研究适合分段收获作业形式的脱粒清选装置。

本章首先分析了齿带式捡拾收获装置的结构和工作原理，重点研究了齿带捡拾装置的仿形、输送和捡拾等装置的优化配置，探索了新的工作原理和新的结构设计，进行了参数优选试验，得到了机组前进速度、齿带输送速度和齿带输送倾角与损失率的关系，找出了适合齿带捡拾器收获油菜的最佳参数组合；然后进行了油菜分段收获条件下油菜脱粒、清选参数的试验研究，探索了滚筒形式、转速等参数与损失率的关系，并分析了不同因素水平下的功率消耗；最后依据研究结果设计了4SJ－1.8型油菜捡拾脱粒机。这些工作对于油菜捡拾收获机的设计和使用，以及提高油菜捡拾收获机的可靠性、降低收获损失率都具有较好的参考价值。

5.1 油菜分段收获捡拾作业研究

本节主要研究捡拾器的运动学、动力学特征，以及损失率与设计参数之间的关系，主要内容包括分析现有齿带式捡拾器的基本结构和基本参数，推导捡拾器和被捡拾物料的运动解析表达，对物料在齿带上的运动进行数学表达；探究速比、输送倾角与捡拾器、弹齿的几何参数之间的关系，建立被捡拾物料在捡拾和输送过程中受力的数学表达式；根据理论分析结果进行捡拾器参数的试验研究，获得输送带速度等参数与损失率的关系和优化组合参数。

5.1.1 捡拾器运动学研究分析

(1) 齿带式捡拾器的结构与工作原理

齿带式捡拾器的结构如图5-1所示。齿带式捡拾器工作时，捡拾器整体以速度 v_m 做水平运动，齿带沿 v_t 方向运动，在捡拾器前推和捡拾弹齿的共同作用下，将拟捡拾的物料从地面抬起并向机器前进方向的反向输送，进入捡拾机割台搅龙里，搅龙横向输送至输送槽，输送槽完成纵向输送至脱粒滚筒。

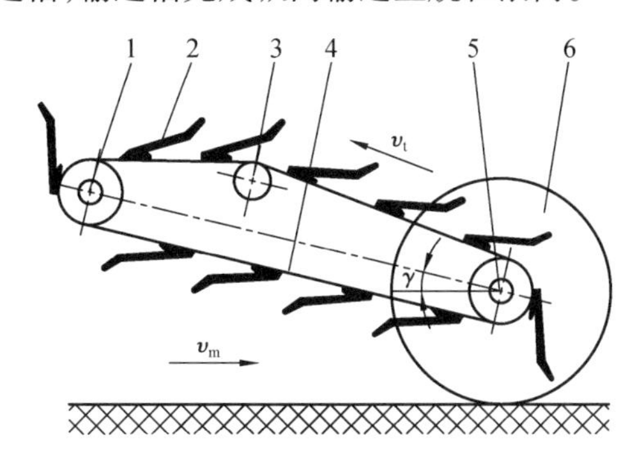

1—后辊轴；2—弹齿；3—中间托辊；4—皮带；5—前辊轴；6—仿形轮

图 5-1　齿带式捡拾器结构

(2) 弹齿的运动轨迹及运动方程

捡拾器工作时，弹齿的运动可分解为随捡拾收获机做向前的水平直线运动，以及随捡拾带做回转运动，所以弹齿上任何一点的运动是上述 2 种运动的合成，如图 5-2 所示。

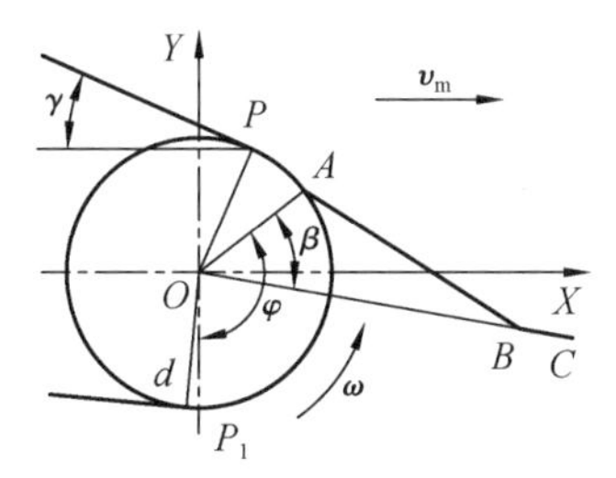

图 5-2　捡拾器运动分析简图

在坐标系 XOY 中，当弹齿齿根 A 运动在圆弧 dP 之间时，弹齿上任一点的运动轨迹是以角速度 ω 绕前辊轴所做的圆周运动与捡拾器前进速度 v_m 所做直线运动的合成运动。

① 分析弹齿齿根运动在圆弧段时的弹齿轨迹方程

为方便起见，根据弹齿的功能需要，仅分析弹齿上点 B 的轨迹方程。设图 5-2 上点 P_1 为点 A 的初始点($t=0$)，得到弹齿上点 B 的轨迹方程为

$$x_B = v_m t + l_{OB}\sin(\varphi - \beta) \tag{5-1}$$

$$y_B = l_{OB}\cos(\varphi - \beta) \tag{5-2}$$

式中：φ——弹齿转角，$\varphi = \omega t$；

t——弹齿转过 φ 角度所对应的时间；

β——弹齿在齿带上的安装角，当弹齿在齿带上固定后，β 为定值，不同型号

的弹齿 β 会有变化。

将式(5-1)和式(5-2)对时间 t 求导,得

$$v_x = v_m + l_{OB}\omega\cos(\varphi - \beta) \tag{5-3}$$

$$v_y = -l_{OB}\omega\sin(\varphi - \beta) \tag{5-4}$$

式中:v_x——弹齿上点 B 在圆弧运动段的水平速度;

v_y——弹齿上点 B 在圆弧运动段的垂直速度。

设弹齿 B 所做圆周运动的线速度 v_t 与捡拾器前进速度 v_m 之比为 λ,即

$$\lambda_m = v_t/v_m = l_{OB}\omega/v_m$$

则

$$v_x = v_m + \lambda v_m\cos(\varphi - \beta) \tag{5-5}$$

$$v_y = -\lambda v_m\sin(\varphi - \beta) \tag{5-6}$$

② 计算弹齿齿根运动在直线段的弹齿轨迹方程

当弹齿根点 A 运动到点 P 时,弹齿上的任一点的运动轨迹是以线速度 v_t 相对于捡拾器向后上方所做斜直线运动与捡拾器前进速度 v_m 所做直线运动的合成运动。此时弹齿上的任意点都在做平移运动,因此,弹齿上任意点的速度都相等,即

$$v_x = v_m - v_{tP}\cos\gamma \tag{5-7}$$

式中:v_{tP}——点 P 的线速度,$v_{tP} = l_{OP}\omega$;

γ——捡拾器齿带相对地面倾角。

所以有

$$v_x = v_m - l_{OP}\cos\gamma \tag{5-8}$$

$$v_y = -l_{OP}\omega\sin\gamma \tag{5-9}$$

(3) 速比 λ 的确定

在捡拾机的捡拾过程中,为了使被捡拾的物料(如油菜茎秆)不产生向前推挤和拉断,不形成物料层较大的串动,以减少不必要的损失,要求在圆弧运动末端和斜直线运动开始时,弹齿上点 B 的水平运动速度 $v_{1Bx}(P)$ 和斜直线运动开始时的水平分速度 $v_{2x}(P)$ 相等并且均等于 0,根据式(5-5)和式(5-8)得

$$v_m + l_{OB}\omega\cos(\varphi - \beta) = 0 \tag{5-10}$$

$$v_m - l_{OP}\omega\cos\gamma = 0 \tag{5-11}$$

由图 5-2 可知,$\varphi = 180° - \gamma$,整理式(5-10)得(此时 A,P 两点重合)

$$v_m - l_{OB}\omega\cos(\gamma + \beta) = 0 \tag{5-12}$$

设 $l_{OP}/l_{OB} = e$,联立式(5-11)和式(5-12)求解得

$$\tan\gamma = \cot\beta - e/\sin\beta \tag{5-13}$$

$$\lambda = 1/\cos\gamma \tag{5-14}$$

由式(5-13)和式(5-14)可求出速比 λ 和倾角 γ。根据实际收获中便于捡拾作

业的需要，倾角 γ 应为较小锐角，这里设定 $0^\circ \leqslant \gamma \leqslant 45^\circ$。

以上是在理想状态下得到的 λ，γ 与 β 的关系式，但是在实际作业中，对于油菜等一些比较蓬松的物料，在捡拾和输送过程中不容易依靠自身重力与输送齿带贴合，振动等实际因素的影响也会造成物料与捡拾齿带不贴合。为了使物料与齿带贴合以便于输送，在实际作业中被捡拾物料的水平分速度应小于或等于 0，即

$$v_m - l_{OB}\omega\cos(\varphi - \beta) \leqslant 0 \tag{5-15}$$

$$v_m - l_{OP}\omega\cos\gamma \leqslant 0 \tag{5-16}$$

设 $l_{OP}/l_{OB} = e$，联立式(5-15)和式(5-16)求解得

$$\tan\gamma \leqslant \cot\beta - e/\sin\beta \tag{5-17}$$

由式(5-17)可得

$$\lambda \geqslant 1/\cos\gamma \tag{5-18}$$

可以认为，由式(5-14)得到的 λ 是较小值，实际中应选取更大的 λ 值。而由式(5-18)求得的倾角 γ 是较大值，在实际中，应选取更小的值。

(4) 被捡拾物料在捡拾和输送过程中的受力分析

在捡拾机工作中，弹齿挑起物料(油菜茎秆)，设被捡拾茎秆的重心在点 B，如图 5-3 所示。

设 F_f 为茎秆与齿带的摩擦力，P_f 为茎秆之间的牵带力，F_m 为质点因加速度而产生的力。根据加速度合成定理

$$a_a = a_e + a_r + a_c \tag{5-19}$$

式中：a_e——牵连加速度；

a_c——科氏加速度；

a_r——相对加速度。

由于捡拾机前进速度可视为匀速直线运动，因此 $a_e = 0$，$a_c = 0$，则 $a_a = a_r = v_d^2/l_{OB} = l_{OB}\omega^2$，方向为 $\overrightarrow{BO}$，如图 5-3 所示。

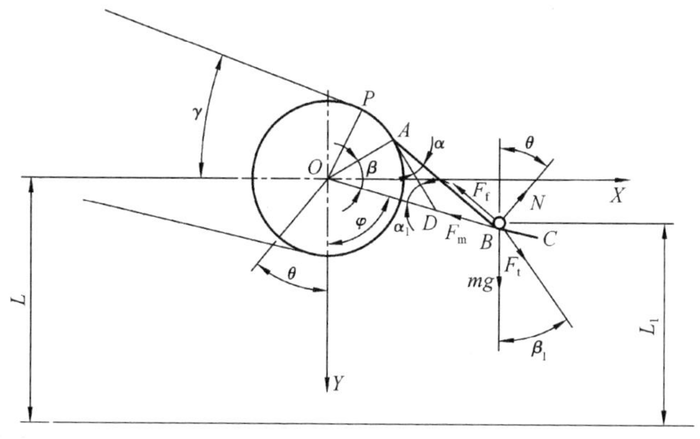

图 5-3　受力分析简图

弹齿能够将物料(茎秆)拾起而不滑落的受力条件为

$$F_t\sin\beta_1 - F_m\cos\alpha_1 - F_f\cos\theta = 0 \tag{5-20}$$

$$mg - F_f\sin\theta - F_m\sin\alpha_1 + F_t\cos\beta_1 = 0 \tag{5-21}$$

由图 5-3 可知,$\alpha_1 = 90° - \beta$。

由牛顿第二定律得

$$F_m = ma_a = ml_{OB}\omega^2$$

根据摩擦力定义得

$$F_f = f(mg\cos\theta - F_m\sin\alpha_1)$$

其中,f 为摩擦系数。

整理式(5-20)和式(5-21)得

$$F_t\sin\beta_1 - ml_{OB}\omega^2(\sin\beta - f\cos\theta\cos\beta) - fmg\cos^2\theta = 0 \tag{5-22}$$

$$F_t\cos\beta_1 + ml_{OB}\omega^2\cos\beta(f\sin\theta - 1) + mg(1-f) = 0 \tag{5-23}$$

联立整理得

$$\tan\beta_1 = \frac{f\cos^2\theta + l_{OB}\omega^2(\sin\beta - \cos\theta\cos\beta)}{l_{OB}\omega^2\cos\beta(1 - f\sin\theta) + f - 1} \tag{5-24}$$

$$F_t = \sqrt{[ml_{OB}\omega^2(\sin\beta - f\cos\theta\cos\beta) + fmg\cos^2\theta] + [ml_{OB}\omega^2\cos\beta(1 - f\sin\theta) + mg(1-f)]} \tag{5-25}$$

在式(5-24)和式(5-25)中,β 是只与弹齿形状有关的固定角度,当材料确定时,摩擦系数 f 也可视为定值。

由图可知,θ 为捡拾点的位置倾角,$\tan\theta = L - L_1/l_{OB}$,则

$$\cos\theta = L - \frac{L_1}{\sqrt{l_{OB}{}^2 + (L - L_1)^2}} \tag{5-26}$$

因此,当 ω 为已知时,捡拾的阻力方向角是随 l_{OB} 和 $L - L_1$ 的变化而变化的,而 l_{OB} 和 $L - L_1$ 确定了捡拾点的位置。

5.1.2 采用响应面分析法对捡拾损失组合参数进行优化

我国南方冬油菜的机械化分段收获技术研究尚处于起步阶段,关于分段收获捡拾、脱粒、清选等各环节对损失率的影响研究较少,采用的研究手段多为对比试验和正交试验。目前,响应面方法由于其合理的设计和优良的效果,已被各行业采用,但在作物机械化收获、捡拾、脱粒作业的研究中还鲜有报道。本节采用响应面方法(Response Surface Methodology,简称 RSM)对油菜捡拾脱粒机捡拾损失率进行研究。

(1) 捡拾试验方案设计

试验材料:油菜品种为双低杂交油菜镇油 -3,种植方式为育苗移栽,在 80%

成熟时机器割晒，晾晒 3 天后，进行捡拾脱粒试验。油菜平均株高（割前）1. 68 m，割茬高度平均 0. 35 m，茎秆平均含水率 58%。

根据 Box – Benhnken 的中心组合试验设计原理，以及以往试验测试结果和试验观察经验，选取可能对油菜收获率有重要影响的机组速度、输送带速、输送倾角 3 个因素，采用三因素三水平的响应面分析方法，试验因素与水平设计见表 5-1。

表 5-1　响应面分析因素与水平

水平	因素		
	机组前进速度 $Z_1/(m \cdot s^{-1})$	输送带速 $Z_2/(m \cdot s^{-1})$	输送倾角 $Z_3/(°)$
-1	0. 46	0. 70	9
0	0. 71	0. 80	12
1	0. 96	0. 90	15
Δ_i	0. 25	0. 10	3

（2）响应面分析方案与结果

以 X_1，X_2，X_3 表示机组前进速度、输送带速和输送倾角编码值，Y 为捡拾损失率响应值，试验方案及试验结果见表 5-2。

表 5-2　响应面分析方案及试验结果

试验号	X_1	X_2	X_3	捡拾损失率 Y/%
1	-1	-1	0	5. 34
2	-1	1	0	4. 58
3	1	-1	0	4. 19
4	1	1	0	4. 94
5	0	-1	-1	3. 92
6	0	-1	1	5. 21
7	0	1	-1	5. 07
8	0	1	1	3. 98
9	-1	0	-1	5. 62
10	1	0	-1	3. 36
11	-1	0	1	4. 22
12	1	0	1	4. 48
13	0	0	0	2. 91
14	0	0	0	2. 67
15	0	0	0	3. 29

表中试验号13,14,15是3个因素在各自零水平的重复试验。本次二次拟合响应面分析中有15个试验点,可分为2类:一类是析因点,自变量取值在X_1,X_2,X_3所构成的三维顶点,共有12个析因点;二是零点,为区域的中心点,零点试验重复3次,用以估计试验误差。试验表明:3次零水平重复试验的捡拾损失率的平均值为

$$(2.91\% + 2.67\% + 3.29\%)/3 = 2.96\%$$

采用三因素二次回归正交旋转组合试验设计方案对影响捡拾损失率的3个主要参数组合进行优化。利用Design - Expert7.0软件对表5-2中的试验结果进行多元回归拟合,得出回归方程中的各项系数见表5-3,并用F检验检验其显著性。

表5-3　回归系数及显著性检验

序号	回归项	回归系数	标准差	F值	p值
1	常数项	2.96	0.16	15.09	0.004 0**
2	X_1	-0.35	0.10	11.93	0.018 2*
3	X_2	-0.01	0.10	0.01	0.915 6
4	X_3	-0.01	0.10	0.01	0.925 0
5	X_1X_2	0.38	0.14	6.99	0.045 8*
6	X_1X_3	0.63	0.14	19.46	0.006 9*
7	X_2X_3	-0.60	0.14	17.36	0.008 8**
8	X_1^2	0.84	0.15	31.97	0.002 4**
9	X_2^2	0.97	0.15	42.18	0.001 3**
10	X_3^2	0.62	0.15	17.56	0.008 7**

注:***表示$p<0.001$(极显著);**表示$p<0.01$(很显著);*表示$p<0.05$(显著)。

由表5-3可见,机组前进速度(X_2)和输送带速(X_3)的P值大于0.1,说明机组前进速度和输送带速的一次项不显著,除此两项外其他各项的F检验均很显著,说明试验响应值的变化非常复杂,各个试验因素对响应值的影响不是简单的线性关系,而是存在二次关系,且三因素间存在明显的交互作用。由表5-3得出捡拾损失率Y的回归方程为

$$Y = 2.96 - 0.35X_1 - 0.01X_2 - 0.01X_3 + 0.38X_1X_2 + 0.63X_1X_3 - 0.6X_2X_3 + 0.84X_1^2 + 0.97X_2^2 + 0.62X_3^2$$

为了提高精度,剔除原方程中的不显著因子项,可得到关于捡拾损失率Y编码空间的二次回归模型:

$$Y = 2.96 - 0.35X_1 + 0.38X_1X_2 + 0.63X_1X_3 - 0.6X_2X_3 + 0.84X_1^2 + 0.97X_2^2 + 0.62X_3^2$$

将二次回归方程模型变换为实际因素(非编码空间)对应方程为

$$Y=79.3-42.64Z_1+15.1Z_1Z_2+0.84Z_1Z_3-1.98Z_2Z_3+13.44Z_1^2+96.54Z_2^2+0.07Z_2$$

对捡拾损失率 Y 编码空间的回归方程模型进行方差分析,结果见表 5-4。

表 5-4　二次回归方程模型的方差分析

方差来源	平方和	自由度	均值	F 值	p 值($Pr>F$)
回归模型	11.08	9	1.230		
失拟项	0.21	3	0.071	0.72	0.624 2
纯误差	0.20	2	0.098		
残值	0.41	5	0.082		
综合	11.49	14			

响应面的回归模型 F 检验很显著($p<0.05$),模型的校正决定系数 Adj $R^2=0.900\ 6$,说明该模型能够解释 90.06% 的响应值变化,仅有总变异的 9.94% 不能用此模型来解释;失拟项的 F 值为 0.72,p 值为 $0.624\ 2>0.05$,不显著,而复相关系数达到 0.964 5,说明回归模型相对于纯误差失拟不显著,试验的误差小。分析表明,可以用二次回归方程模型代替试验点对试验结果进行分析。

各影响因素的重要性分析见表 5-5。

表 5-5　各影响因素的重要性分析

因素	自由度	SS	MS
X_1	1	0.973 0	0.973 0
X_2	1	0.001 0	0.001 0
X_3	1	0.000 8	0.000 8

由表 5-5 的分析结果可知:机组前进速度在试验过程中起的作用最大,而输送带速和输送倾角相对来说作用小些,对损失率的影响效果由大到小为 X_1,X_2,X_3,即影响因素重要性顺序为机组前进速度、输送带速、输送倾角。

固定两因素于零水平,求第 3 个因素与捡拾损失率的降维回归方程,见表 5-6。

表 5-6　单因素降维回归方程

因素	模型
机组前进速度与损失率	$Y=2.96-0.35X_1+0.84X_1^2$
输送带速与损失率	$Y=2.96+0.97X_2^2$
输送倾角与损失率	$Y=2.96+0.62X_3^2$

根据这些方程得到3个因子对捡拾损失率影响的关系曲线如图5-4所示。由图5-4可以看出，在存在交互作用的情况下，随着机组前进速度、输送带速和输送倾角3个因素水平的不断增大，捡拾损失率呈先降后升的趋势，且3个因素均在零水平附近时捡拾损失率达到最小，这与单因素预试验结果一致，试验范围选择恰当。

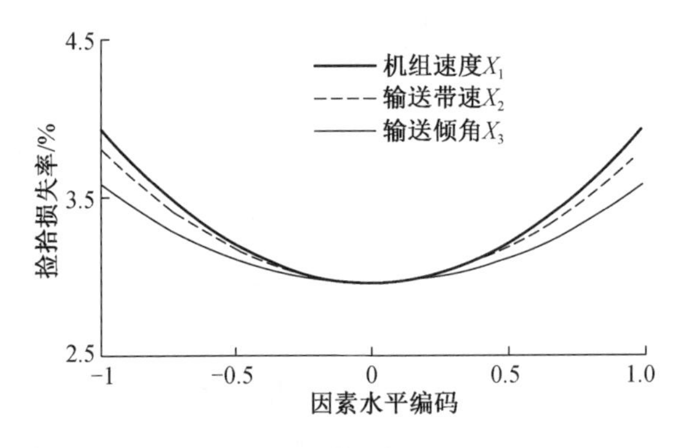

图5-4 单因素与损失率关系

在第一个回归方程中，固定任意1个因素在零水平，研究其余两因素间的交互效应，应用SAS统计分析软件作响应曲面与等值线图，分析机组速度、输送带速、输送倾角的交互作用对捡拾损失率的影响，所得回归方程对应的响应曲面和等值线如图5-5所示。

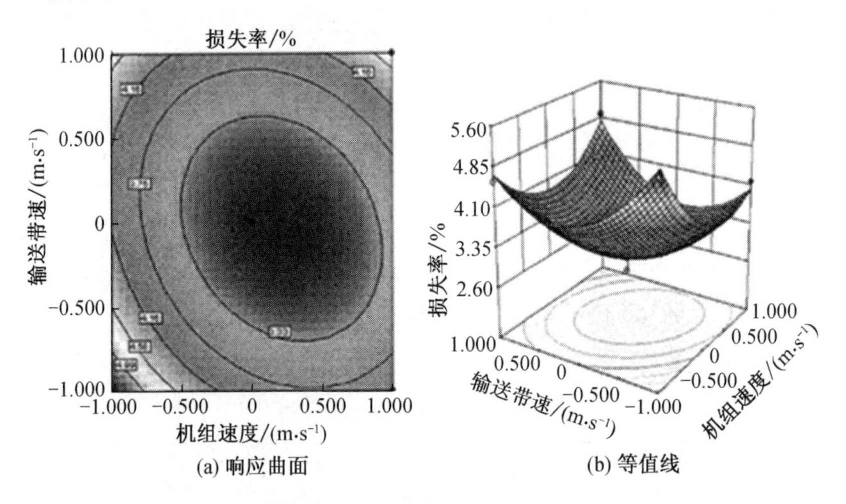

(a) 响应曲面　　(b) 等值线

图5-5 机组前进速度(X_1)和输送带速(X_2)对损失率的影响

由图5-5a可以看出，捡拾损失率随着机组前进速度的增加先减小后增大，要使捡拾损失率最小，最优的机组前进速度范围应在0～1水平（对应实际值0.71～

0.96 m/s)之间。捡拾损失率随着输送带速的增加先逐渐减小,但是当捡拾损失率达到最小值时,继续增大输送带速,捡拾损失率又呈上升的趋势。这说明输送带速过小时,损失率反而会增大,这是因为捡拾过程中输送带速过慢时增加了油菜茎秆与地面的摩擦时间,而且容易造成被输送的油菜茎秆之间离散、输送不连贯,使得部分籽粒和角果散落,形成损失;输送带速过大时,大大增加了输送带齿与油菜茎秆接触时的打击力度,这一打击力足以造成角果开裂,形成较大损失。对照图5-5b,最优的输送带速范围应在零水平(实际值0.8 m/s)附近。

将建立的回归方程中X_1固定在零水平,即可得到X_2,X_3对指标值Y影响的子模型

$$Y=2.96-0.6X_2X_3+0.97X_2X_3+0.62X_3^2$$

所得回归方程对应的响应曲面和等值线如图5-6所示。

由图5-6可以看出,当输送带速、输送倾角和机组前进速度均为零水平时,捡拾损失率出现极小峰值。还可以看出,在输送带速的各个水平下,其对应的捡拾损失率均随着输送倾角的增加呈先减小后增大的趋势。在输送倾角的各个水平下,捡拾损失率随着输送带速的增大呈相同的趋势。

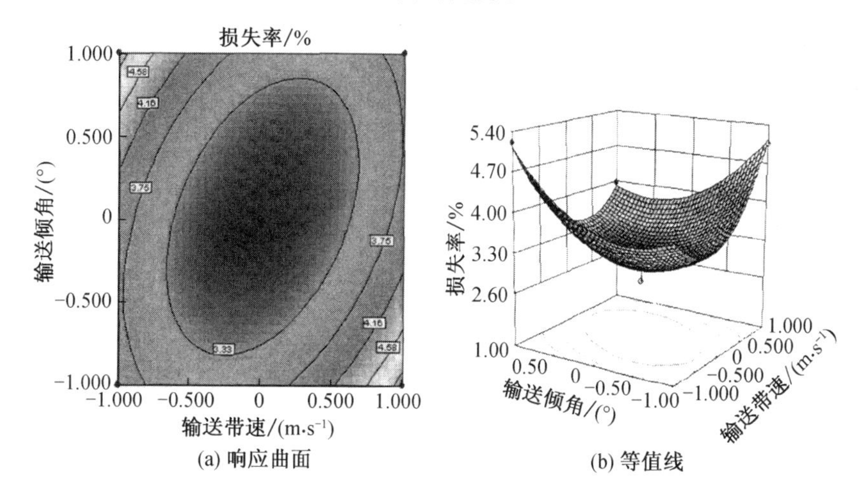

图5-6 输送带速(X_2)和输送倾角(X_3)对损失率的影响

将建立的回归方程中X_2固定在零水平,即可得到X_1,X_3对指标值Y影响的子模型

$$Y=2.96-0.35X_1+0.63X_1X_3+0.84X_1^2+0.62X_3^2$$

所得回归方程对应的响应曲面和等值线如图5-7所示。

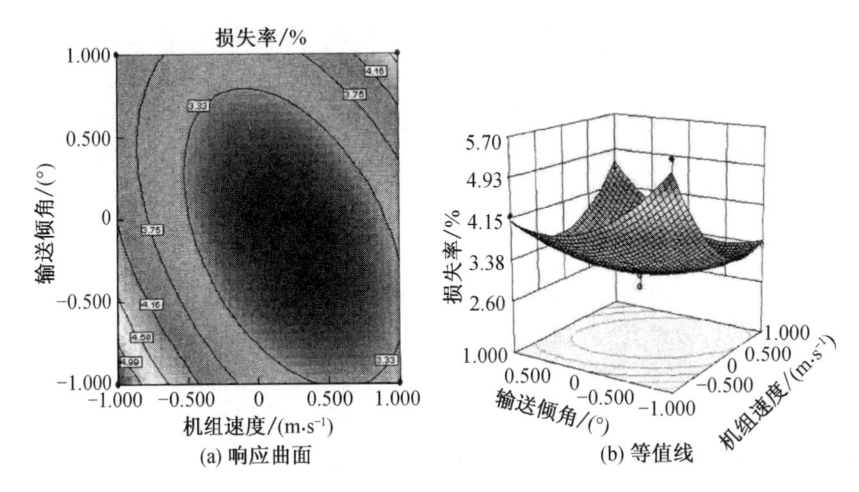

(a) 响应曲面 (b) 等值线

图 5-7 机组前进速度(X_1)和输送倾角(X_3)对捡拾损失率的影响

由图 5-7 可以看出,在输送倾角的各个水平下,其对应的捡拾损失率均随着机组前进速度的增加呈先减小后增大的趋势。在机组前进速度的各个水平下,捡拾损失率随着输送倾角的增大呈先降后升的趋势;在输送倾角的各个水平下,捡拾损失率随着机组前进速度的增大呈相同的趋势。同时,由图 5-7 可以看出,当输送带速为零水平时,捡拾损失率极小值点所对应的输送倾角范围应在 -1 ~0 水平(实际值 9° ~12°)之间,对应的机组速度在 0 ~1 水平(实际值 0. 71 ~0. 96 m/s)之间。

(3) 影响捡拾损失率试验参数的优化求解

参数优化理想的结果是在约束条件范围内尽可能减小损失的数值,因此将其作为评价指标,建立数学模型如下:

目标函数 $\min Y(X_1, X_2, X_3)$

约束条件 $-1 \leqslant X_1 \leqslant 1$; $-1 \leqslant X_2 \leqslant 1$; $-1 \leqslant X_3 \leqslant 1$

利用牛顿迭代法规划求解,得到在捡拾损失率最小时的最佳试验参数组合,见表 5-7。

表 5-7 捡拾损失率组合参数优化

因素	编码值	编码值对应实际值
机组前进速度	0. 36	0. 80 m/s
输送带速	-0. 10	0. 78 m/s
输送倾角	-0. 27	11. 19°

经试验分析得出,影响捡拾损失率的因素优化组合为:机组前进速度 0. 80 m/s,输送带速 0. 78 m/s,输送倾角 11. 19°,优化后的捡拾损失率理论值为 2. 91%。但是实

际捡拾作业时,机组参数很难调整到优化后的参数组合,当试验三因素均在零水平时,据试验回归方程模型可知,此时油菜籽捡拾损失率为2.96%,与优化值(2.91%)差别不大,这个差异在实际作业过程中影响甚微,故在实际作业过程中推荐参数组合为:机组前进速度0.71 m/s,输送带速0.80 m/s,输送倾角12°。

(4) 捡拾器的改进与优化

根据试验结论,影响捡拾损失率的因素重要性顺序为机组作业速度 > 输送带速 > 输送倾角,机组速度为0.71 m/s时损失率最低。机组作业速度与作业效率正相关,机组作业速度越高,作业效率越高,但是根据试验结论,当机组速度为0.71 m/s时,损失率最低,因此,在选取机组作业速度时既要考虑损失率较低,也要兼顾作业效率较高。

根据式(5-18)知,当齿带倾角取中值12°时,$\lambda \geqslant 1/\cos 12° = 1.022$,而试验得到的优选值 $\alpha = v_t/v_m = 0.8/0.71 = 1.127 > 1.022$,相互印证了 λ 的合理性。

试验表明,输送倾角为12°时损失率最低,为此在捡拾器倾角调节机构上应明表示出该倾角所对应的调节位置,以方便调节并尽可能使用这个倾角进行捡拾业。

5.2　油菜分段收获脱粒清选作业研究

油菜在分段收获脱粒清选时已经过晾晒,与联合收获时站立在田间的油菜在茎秆和籽粒的含水率、角果抗裂性、植株形态等方面都有显著不同,因此针对我国南方油菜分段收获的脱粒清选机械特性要求与联合收获的显然不同。针对我国南方越冬油菜的分段收获捡拾收获机与联合收获机及我国北方成熟的分段收获机械在脱粒清选部件形式、参数上有不同的要求,开展针对我国南方油菜的分段收获脱粒清选试验研究,探索适宜的部件形式、工作参数,以期为分段收获的捡拾收获机的设计和使用提供有益的参考。

5.2.1　分段收获油菜脱粒清选试验研究

(1) 试验条件

品种为双低杂交油菜镇油-3,种植方式为育苗移栽,在接近完熟时人工收割,运到场地上晾晒3~5天后进行室内台架试验。植株高度平均1 584 mm,茎秆直径14~29 mm,角果层直径480~750 mm,平均单株分枝数(一次分枝)8~10个,分枝点位离地50 cm,平均单株角果数390~400个,平均单只角果籽粒数20粒,谷草比1:5.2。茎秆含水率见表5-8。油菜籽平均直径(湿)2.25 mm,千粒重4.05 g。

表 5-8 测试期间茎秆含水率 %

测试时间/(年/月/日)	根部	主茎	长茎秆	角果
2009/5/28	78.04	72.56	64.60	62.68
2009/5/30	68.68	62.83	48.86	20.64

(2) 试验安排与设计

试验的目的：一是通过观察记录不同脱粒滚筒结构形式、不同参数组合的脱分特性（主要以夹带损失率衡量），找到适合分段收获油菜脱粒的滚筒结构形式和参数组合；二是通过观察记录筛分特性（主要以含杂率、清选损失率衡量），找到适合分段收获油菜筛分的筛子结构形式和参数组合。

① 油菜脱粒分离试验安排与试验设计

油菜脱粒分离试验在 DF－1.5 型横轴流式脱粒分离试验台上进行，如图 5-8 所示。选择 3 排齿的钉齿脱粒滚筒（钉齿 3 排）、6 排齿的钉齿脱粒滚筒（钉齿 6 排）和纹杆与板齿相结合的脱粒滚筒（纹杆-板齿）3 种不同结构的轴流脱粒滚筒以脱粒滚筒形式、喂入量、脱粒滚筒线速度、凹版间隙为影响因素，按正交表 $L_9(3^4)$ 进行油菜脱粒分离性能的 4 因素 3 水平的正交试验。试验安排见表 5-9，试和观察不同结构轴流滚筒的脱粒损失率、脱出物沿滚筒轴向的分布和脱出物成分比例。

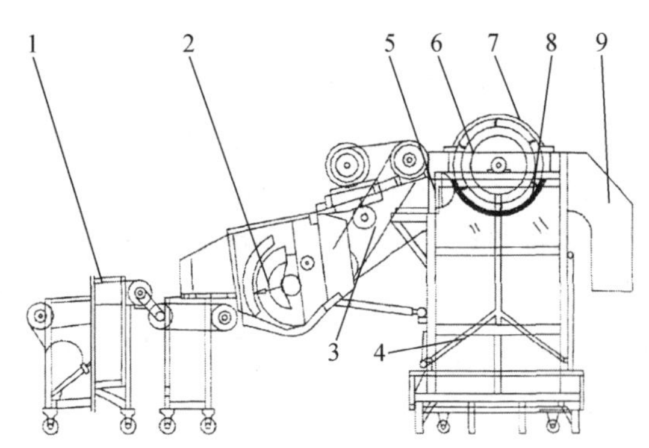

1—输送带；2—强制喂入装置；3—输送槽；4—接料小车；5—机架；6—滚筒；7—顶盖；8—凹板；9—排草口

图 5-8 DF－1.5 型横轴流式脱粒分离试验装置结构示意图

表 5-9 脱粒分离正交试验试验安排表

试验号	喂入量/(kg·s^{-1})	脱粒滚筒转速/(r·min^{-1})	脱粒间隙/mm	脱粒滚筒形式
1	1.4	650	10	钉齿 3 排
2	1.4	750	15	钉齿 6 排

续表

试验号	喂入量/($kg \cdot s^{-1}$)	脱粒滚筒转速/($r \cdot min^{-1}$)	脱粒间隙/mm	脱粒滚筒形式
3	1.4	850	20	纹杆 - 板齿
4	1.6	650	15	纹杆 - 板齿
5	1.6	750	20	钉齿 3 排
6	1.6	850	10	钉齿 6 排
7	1.8	650	20	钉齿 6 排
8	1.8	750	10	纹杆 - 板齿
9	1.8	850	15	钉齿 3 排

② 油菜清选试验安排与试验设计

油菜清选试验在 DF－1.5 型物料清选试验装置上进行，如图 5-9 所示。以筛型结构（冲孔筛 8、鱼鳞筛 10、编织筛 12）、振动筛曲轴转速、离心风机转速和离心风机倾角为影响因素按正交表 $L_9(3^4)$ 进行正交试验。试验安排如表 5-10 所示。

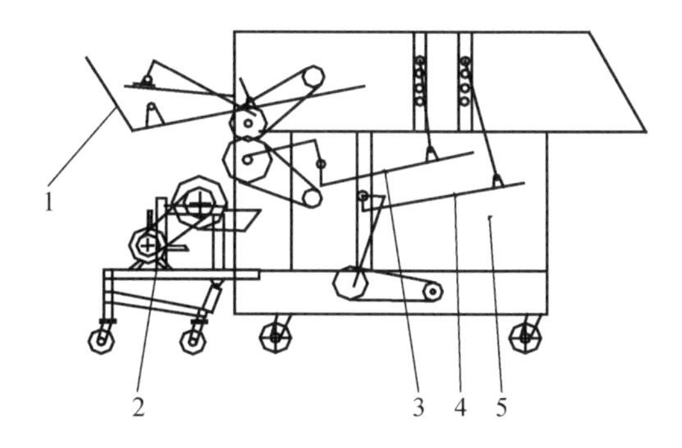

1—抖动板；2—离心风机；3—上振动筛；4—下振动筛；5—清选室

图 5-9　DF－1.5 型物料清选试验装置结构示意图

表 5-10　油菜清选正交试验安排

试验号	筛形结构	振动筛曲轴转速/($r \cdot min^{-1}$)	离心风机转速/($r \cdot min^{-1}$)	离心机风机倾角/(°)
1	冲孔筛 8	260	800	15
2	冲孔筛 8	285	860	20
3	冲孔筛 8	310	920	25
4	鱼鳞筛 10	260	860	25
5	鱼鳞筛 10	285	920	15
6	鱼鳞筛 10	310	800	20
7	编织筛 12	260	920	20
8	编织筛 12	285	800	25
9	编织筛 12	310	860	15

(3) 试验结果与分析

① 脱粒试验结果分析

试验结果记录见表5-11。

表5-11　油菜脱粒分离试验数据记录

试验号	1	2	3	4	5	6	7	8	9
总重/kg	7.63	6.83	7.68	8.42	7.64	9.03	6.01	10.60	9.04
夹带质量/g	14	6	26	24	12	6	8	28	14
籽粒重/kg	2.052	2.986	3.046	3.412	2.578	2.654	3.152	3.548	2.938
夹带损失/%	0.678	0.201	0.846	0.698	0.46	0.226	0.253	0.783	0.474

其中,总重是指通过凹版筛的所有脱出物质量;夹带质量是指裹带在茎秆中从出草口排出的籽粒质量;籽粒重是指通过凹版筛的脱出物中油菜籽的质量;夹带损失是夹带质量与籽粒重和夹带质量之和的比值。

对于3种形式的脱粒滚筒,在滚筒轴向上均匀分成7段,每段中总重、茎秆重和籽粒重见表5-12。

表5-12　3种滚筒脱出物轴向分布质量(总重/茎秆重/籽粒重)　g

位置编号	1	2	3	4	5	6	7
钉齿3排	502/12/38	842/16/82	1 564/24/194	1 266/16/298	1 144/32/396	1 092/28/460	1 208/46/584
纹杆－板齿	38/22/46	588/2/88	122/3/216	1 392/3/428	1 376/38/556	1 162/22/542	128/26/670
钉齿6排	402/1/28	812/42/7	1 694/22/202	1 666/28/396	1 416/24/498	139/14/616	1 654/22/844

对夹带损失进行极差分析,极差分析结果见表5-13。夹带损失越小越好。从表5-12可以看出,夹带损失最小的优选组合为 A_2 B_2 C_2 D_2,即优选参数为喂入量1.6 kg/s、滚筒转速750 r/min、脱粒间隙15 mm、钉齿6排滚筒。影响夹带损失率的主次因素依次为 D,A,C,B,即滚筒形式影响最大,喂入量次之,脱粒间隙和滚筒转速最小。

表5-13　夹带损失极差分析结果

	总和/均值			极值与极差			
因子	水平1	水平2	水平3	极小值	极大值	极差 R	调整(R)
喂入量(A)	1.724 5/0.574 8	1.387 4/0.462 5	1.510 4/0.503 5	0.462 5	0.574 8	0.112 4	0.101 2
滚筒转速(B)	1.629 3/0.543 1	1.446 9/0.482 3	1.546 2/0.515 4	0.482 3	0.543 1	0.060 8	0.054 8
脱粒间隙(C)	1.686 2/0.562 1	1.373 3/0.457 8	1.562 8/0.520 9	0.457 8	0.562 1	0.104 3	0.093 9
滚筒形式(D)	1.615 2/0.538 4	0.679 3/0.226 4	2.327 8/0.775 9	0.2264	0.775 9	0.549 5	0.494 9

对含杂率进行极差分析,极差分析结果见表5-14。含杂率越低越好。从表

5-14可以看出，含杂率最低的优选组合为 $A_3B_1C_3D_2$，即喂入量1.8 kg/s、滚筒转速650 r/min、脱粒间隙20 mm、钉齿6排滚筒。影响含杂率的主次因素依次为 C,D,B,A，即脱粒间隙影响最大，滚筒形式次之，滚筒转速和喂入量最小。

表5-14　含杂率极差分析结果

总和/均值				极值与极差			
因子	水平1	水平2	水平3	极小值	极大值	极差 R	调整(R)
喂入量(A)	189.073/63.024	195.848/65.283	181.082/60.361	60.361	65.283	4.922	4.333
滚筒转速(B)	179.503/59.834	188.592/62.864	197.908/65.970	59.834	65.969	6.135	5.526
脱粒间隙(C)	209.744/69.915	182.747/60.916	173.512/57.838	57.838	69.915	12.078	10.878
滚筒形式(D)	206.323/68.774	147.170/58.057	185.511/61.837	58.057	68.774	10.718	9.653

从3种形式的脱粒滚筒脱出物沿轴向分布图(见图5-10)可以看出，脱出物总重和籽粒重沿轴向的分布与滚筒形式无明显相关性，且总重和籽粒重分布趋势相似，总重在第4段开始近似水平分布，籽粒重在轴向上近似线性分布；茎秆比在轴向分布上无明显规律。理论上，应该3排钉齿的茎秆比小于6排钉齿滚筒，纹杆与板齿结合的滚筒茎秆比最高，原因是在本试验过程中对每种类型的滚筒只做了一次分布试验，其滚筒转速和脱粒间隙不同，茎秆比也不同，因此，茎秆比与滚筒形式、滚筒转速和脱粒间隙有关。

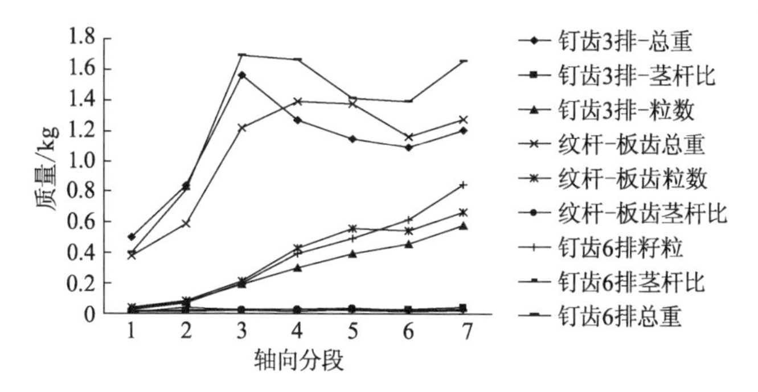

图5-10　不同滚筒脱出物轴向分布

② 清选试验结果分析

油菜清选试验数据记录见表5-15。

表5-15　油菜清选试验数据记录

试验号	籽粒质量/kg	籽粒含杂总量/kg	夹带损失/kg	损失率/%	含杂率/%
1	4.006	4.068	0.030	0.748 877	1.547 678
2	4.240	4.030	0.084	1.981 132	1.509 434
3	3.962	4.022	0.214	5.401 312	1.514 387

续表

试验号	籽粒质量/kg	籽粒含杂总量/kg	夹带损失/kg	损失率/%	含杂率/%
4	3.968	4.120	0.034	0.856 855	3.830 645
5	4.520	4.600	0.044	0.973 451	1.769 912
6	3.898	3.974	0.062	1.590 559	1.949 718
7	4.084	4.174	0.066	1.616 063	2.203 722
8	4.110	4.288	0.076	1.849 148	4.330 900
9	4.178	4.250	0.070	1.675 443	1.723 313

对油菜清选损失进行极差分析，极差分析结果见表5-16。清选损失率越小越好，清选损失率最低的优选组合为$A_2B_1C_1D_1$，即鱼鳞筛、振动筛曲柄转速260 r/min，离心风机转速800 r/min，离心风机倾角15°。影响清选损失率的主次因素依次为B,A,D,C，即振动筛曲柄转速影响最大，鱼鳞筛次之，离心风机倾角和离心风机转速最小。

表5-16　油菜清选损失率极差分析

	总和/均值			极值与极差			
因子	水平1	水平2	水平3	极小值	极大值	极差R	调整(R)
筛型结构(A)	8.131 3/2.710 4	3.420 9/1.140 3	5.140 7/1.713 6	1.140 3	2.710 4	1.570 2	1.414 2
振动筛曲柄转速(B)	3.221 8/1.073 9	4.803 7/1.601 2	8.667 3/2.663 6	1.073 9	2.889 1	1.181 5	1.634 9
离心风机转速(C	4.188 6/1.396 2	4.513 4/1.504 5	7.990 8/2.663 6	1.396 2	2.663 6	1.267 4	1.141 5
离心风机倾角(D)	3.397 8/1.132 6	5.187 8/1.729 3	8.107 3/2.702 4	1.132 6	2.708 4	1.569 8	1.413 9

对油菜清选含杂率进行极差分析，极差分析结果见表5-17。清选含杂率越低越好，清选含杂率最低的优选组合为$A_1B_3C_3D_1$，即冲孔筛、振动筛曲柄转速310 r/min、离心风机转速920 r/min和离心风机倾角15°组合。影响清选含杂率的主次因素依次为D,A,B,C，即离心风机倾角影响最大，筛型结构形式次之，振动筛曲柄转速和离心风机转速最小。

表5-17　油菜清选含杂率极差分析

	总和/均值			极值与极差			
因子	水平1	水平2	水平3	极小值	极大值	极差R	调整(R)
筛型结构(A)	4.571 5/1.523 8	7.550 3/2.516 8	8.257 9/2.752 6	1.523 8	2.752 6	1.228 8	1.106 7
振动筛曲柄转速(B)	7.582 0/2.527 3	7.610 2/2.536 7	5.187 4/1.729 1	1.729 1	2.536 7	0.807 6	0.727 4
离心风机转速(C)	7.828 3/2.609 4	7.063 4/2.354 5	5.488 0/1.829 3	1.829 3	2.609 4	0.780 1	0.072 6
离心风机倾角(D)	5.040 9/1.680 3	5.662 9/1.887 9	9.675 9/3.225 3	1.523 8	2.752 6	1.228 8	1.106 7

5.2.2　分段收获油菜清选试验综合评价与参数优化

清选试验分别测定籽粒损失率和含杂率。采用模糊综合评价法对清选试验结果进行分析处理,形成统一的指标,以便于分析和比较。首先确定评价指标集和对象集,其次建立隶属函数和确定权重分配集,最后计算模糊综合评价值,并对模糊综合评价值进行分析。

以清选损失率 Y_1 和清选含杂率 Y_2 确定评价指标,以正交试验设计的 9 组试验确定评价对象集。其中,清选损失率 Y_{1n} 和清选含杂率 Y_{2n} 为偏小型指标,即越小越好,因此隶属函数 $\boldsymbol{R}$($\boldsymbol{R}=\begin{bmatrix} r_{11} & r_{12} & r_{13} & \cdots & r_{19} \\ r_{21} & r_{22} & r_{23} & \cdots & r_{29} \end{bmatrix}$)的元素为 $r_{in}=\dfrac{Y_{in\max}-Y_{in}}{Y_{in\max}-Y_{in\min}}$($i=1,2;n=1,2,\cdots,9$);根据油菜收获籽粒损失率和含杂率的重要性,本试验确定权重分配集 $P=[0.7,0.3]$,即认为清选损失率的重要程度较清选含杂率高。由隶属函数 $\boldsymbol{R}$ 和权重分配集确定模糊综合评价值集 $\boldsymbol{W}$,其中 $\boldsymbol{W}=P\cdot\boldsymbol{R}=[w_1,w_2,w_3,\cdots,w_9]$。单指标的隶属度值和模糊综合评价值见表 5-18。

表 5-18　单指标隶属度和模糊综合评价值

试验号	因素				清选损失率隶属度值	清选含杂率隶属度值	综合评价值
	振动筛形式	振动筛曲柄转速/($r\cdot min^{-1}$)	离心风机转速/($r\cdot min^{-1}$)	离心风机倾角/(°)			
1	冲孔 ϕ8mm	260	800	15	1	0.986 445	0.995 934
2	冲孔 ϕ8mm	285	860	20	0.735 138	1	0.814 596
3	冲孔 ϕ8mm	310	920	25	0	0.998 245	0.299 473
4	鱼鳞筛	260	860	25	0.976 791	0.177 303	0.736 945
5	鱼鳞筛	285	920	15	0.951 730	0.907 680	0.938 515
6	鱼鳞筛	310	800	20	0.819 088	0.843 952	0.826 547
7	编织筛 12 mm×12 mm	260	920	20	0.813 606	0.753 927	0.795 702
8	编织筛 12 mm×12 mm	285	800	25	0.763 506	0	0.534 454
9	编织筛 12 mm×12 mm	310	860	15	0.800 843	0.924 196	0.837 849

对模糊综合评价值进行直观分析,直观分析结果见表 5-19。

表 5-19　模糊综合评价值直观分析

因素	各因素水平均值			极差 R	较优方案	因素主次
	水平 1	水平 2	水平 3			
振动筛形式(A)	0.703 3	0.834 0	0.722 7	0.130 7	$A_2B_1C_2D_1$	D,B,A,C
振动筛曲柄转速(B)	0.842 9	0.796 5	0.677 9	0.188 2		
离心风机转速(C)	0.785 6	0.796 5	0.677 9	0.118 6		
离心机倾角(D)	0.924 1	0.812 3	0.523 6	0.400 5		

根据模糊综合评价值进行直观分析得最优试验方案为 $A_2B_1C_2D_1$，由模糊综合评价值的极差分析可得因素的主次排序依次为离心风机倾角、振动筛曲柄转速、振动筛形式、离心风机转速。各情况综合后确定了一组最优的参数组合：振动筛形式上层为鱼鳞筛，下层为编织筛；振动筛曲柄转速按清选损失率最小确定为260 r/min；离心风机转速综合按 860 r/min 选取；离心风机倾角按清选损失率、含杂率最小确定为15°。

5.3 油菜脱粒分离功率消耗试验研究

5.3.1 试验材料及方法

油菜品种为双低杂交油菜镇油－3，种植方式为育苗移栽。植株高度平均1.7 m，茎秆直径14～29 mm，角果层直径480～750 mm，平均单株分枝数（一次分枝）8～10个，分枝点离地50 cm，平均单株角果数390～400个，平均单只角果籽粒数20粒。在接近完熟时人工收割，晾晒4天后进行室内台架试验。试验当天根部含水率68.68%、主茎含水率62.83%、角果含水率20.64%。

试验在DF－1.5型物料脱粒分离试验台上进行，该试验台可实现对各结构参数和运动参数的调节，各种输出信号可直接记录在计算机里。其脱粒分离装置结构如图5-11所示。

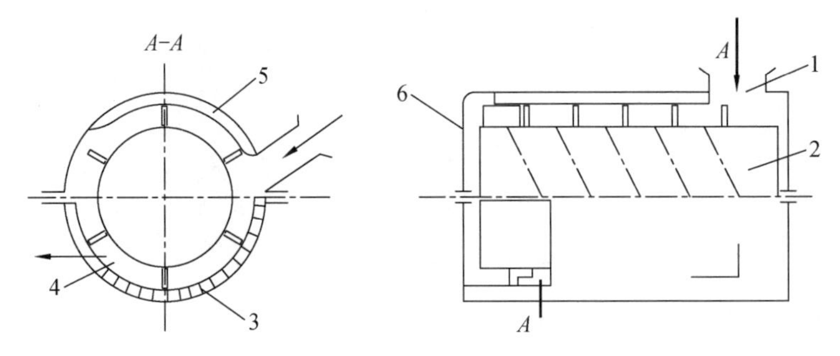

1—喂入口；2—脱粒滚筒；3—凹板；4—排草口；5—导板；6—顶盖

图5-11 油菜脱粒分离装置结构示意图

试验前，按照喂入量的要求将油菜有序地铺放在长30 m的输送带上，经输送带进入脱粒分离系统。对于油菜分段收获脱粒分离系统，影响其性能的主要因素为喂入量、滚筒线速度、脱粒间隙和脱粒滚筒结构形式。其中滚筒圆周线速度转换为滚筒转速（滚筒直径540 mm）。按照正交试验表 $L_9(3^4)$ 安排试验，见表5-20。

表 5-20　脱粒分离正交试验安排

试验号	喂入量/(kg·s^{-1})	脱粒滚筒转速/(r·min^{-1})	脱粒间隙/mm	脱粒滚筒形式
1	1.4	650	10	钉齿 3 排
2	1.4	750	15	钉齿 6 排
3	1.4	850	20	纹杆－板齿
4	1.6	650	15	纹杆－板齿
5	1.6	750	20	钉齿 3 排
6	1.6	850	10	钉齿 6 排
7	1.8	650	20	钉齿 6 排
8	1.8	750	10	纹杆－板齿
9	1.8	850	15	钉齿 3 排

5.3.2　试验结果及分析

对于不同因素和水平，脱粒分离装置消耗的功率可由试验装置实时在线测量并记录于计算机中，各因素水平组合的功耗试验结果见表 5-21。

表 5-21　油菜脱粒分离功耗　kW

试验号	试验功耗实时记录图	功率峰值	脱粒滚筒自身功耗	脱粒分离段功耗均值	实际消耗功率峰值	实际消耗功率均值
1	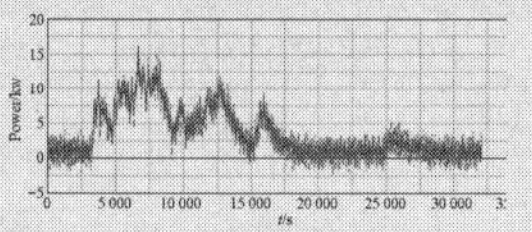	14.90	1.04	6.56	13.86	5.52
2	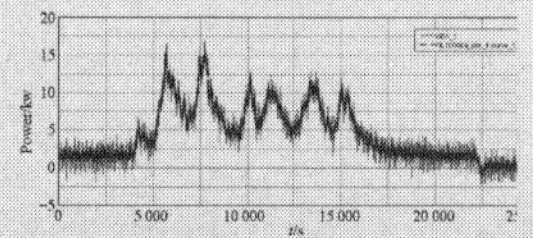	15.35	1.60	7.52	13.75	5.92
3	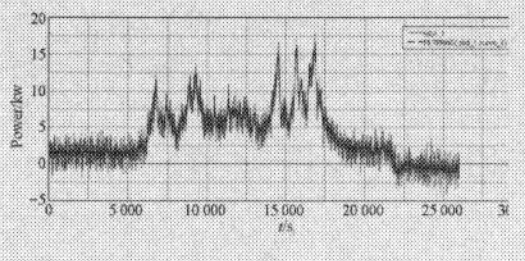	16.28	1.67	7.16	14.61	5.49
4	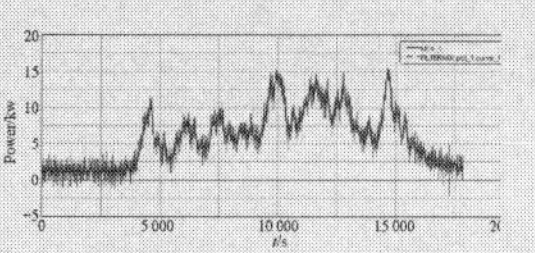	14.85	1.22	7.80	13.63	6.58
5	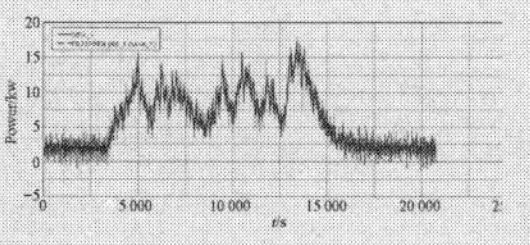	17.31	1.78	8.74	15.53	6.96

续表

试验号	试验功耗实时记录图	功率峰值	脱粒滚筒自身功耗	脱粒分离段功耗均值	实际消耗功率峰值	实际消耗功率均值
6	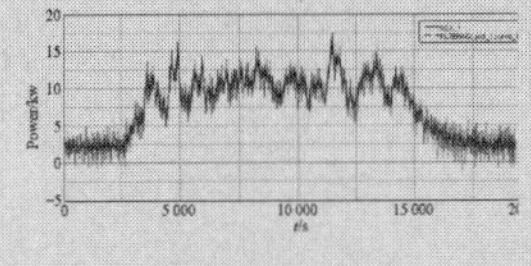	15.49	2.33	9.65	13.16	7.32
7	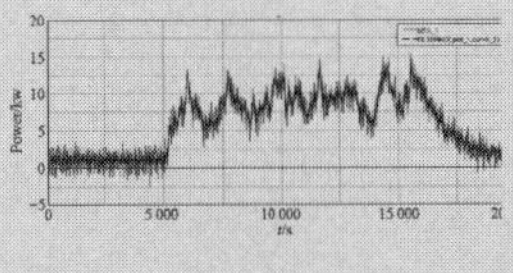	13.76	1.17	8.14	12.59	6.97
8	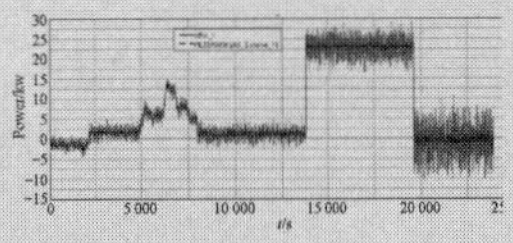	24.08	1.47	17.3	22.61	15.83
9	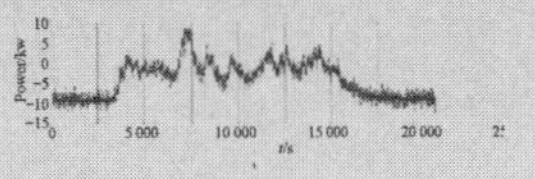	22.82	1.86	11.03	20.96	9.17

从表5-21的试验功耗实时记录图可以看出，油菜脱分时，功耗随时间的波动而变化。由功率消耗实时记录图可以发现，脱粒滚筒自身有功率消耗，自身功率消耗随滚筒形式和滚筒转速不同而变化。因此，分析喂入量、滚筒圆周线速度、脱粒间隙和脱粒滚筒形式与脱粒分离装置功耗之间的关系时，要去除滚筒自身消耗的功率，即功率消耗实测值与滚筒自身消耗的功率之差才是油菜脱粒分离实际消耗的功率。

对油菜分段收获脱粒分离装置实际消耗功率峰值和实际效果功率均值分别进行直观分析和方差分析，其中喂入量为A，脱粒滚筒转速为B，脱粒间隙为C，脱粒滚筒形式为D。直观分析和方差分析结果见表5-22。

表5-22　油菜分段收获脱粒分离功耗直观分析和方差分析结果

评价指标	因素	各因素水平均值			极差R	功率消耗最小方案	因素主次	平方和	自由度	均方	F临界值
		水平1	水平2	水平3							
实际消耗功率峰值	喂入量(A)	14.073	14.107	18.720	4.647	$A_1B_1C_3D_2$	A,B,D,C	42.875 5	2	21.437 7	42.875 5
	脱粒滚筒转速(B)	13.360	17.297	16.243	3.937			24.920 5	2	12.460 2	24.920 5
	脱粒间隙(C)	16.543	16.113	14.243	2.30			8.971 8	2	4.485 9	8.971 8
	脱粒滚筒形式(D)	16.783	13.167	16.950	3.783			27.421 7	2	13.710 8	27.421 7

续表

评价指标	因素	各因素水平均值			极差 R	功率消耗最小方案	因素主次	平方和	自由度	均方	F 临界值
		水平 1	水平 2	水平 3							
实际效果功率均值	喂入量(*A*)	5.643 3	6.953 3	10.656 7	5.013 3	$A_1B_1C_3D_2$	*A*,*B*,*D*,*C*	104.189 4	2		104.189 4
	脱粒滚筒转速(*B*)	6.356 7	9.570 0	7.326 7	3.213 3			40.564 3	2	20.282 1	40.564 3
	脱粒间隙(*C*)	9.556 7	7.223 3	6.473 3	3.083 3			16.299 0	2	8.149 5	16.299 0
	脱粒滚筒形式(*D*)	7.216 7	6.736 7	9.300 0	2.563 3			15.513 9	2	7.756 9	15.513 9

从表 5-22 直观分析可以看出，实际消耗功率峰值和实际消耗功率均值最小的方案组合为 $A_1B_1C_3D_2$，即最小功率消耗的因素水平依次为喂入量 1.4 kg/s、脱粒滚筒转速 650 r/min、脱粒间隙 20 mm 和钉齿 6 排。脱粒分离装置功率消耗的主要因素为喂入量和脱粒滚筒转速。从表 5-22 各因素对实际消耗功率峰值和实际消耗功率均值的方差分析表可以看出，各因素对油菜分段收获条件下的脱离分离装置的功耗影响均不显著，主要原因是分段收获条件下，油菜经过晾晒，茎秆含水率较少，物料特性发生了显著的变化。

5.4　4SJ -1.8 型油菜捡拾脱粒机的设计与试验

5.4.1　齿带式捡拾器的设计与优化

捡拾器由捡拾器架、捡拾机构及传动机构等组成，主要结构如图 5-12 所示。捡拾器框架由左侧架和右侧架组成，其上设有安装辊轴的轴承座。捡拾机构由前、后辊轴，齿带，尼龙弹性拨指组成带式回转机构。两个仿形轮通过被动辊轴安置在带式捡拾机构前侧两边，与挂接装置形成对带式捡拾机构的前后支撑，这样可以保证捡拾器随地面起伏做仿形运动，便于捡拾。带式捡拾机构由主动辊轴和被动辊轴及其环绕在上的主动辊轴和被动辊轴上的齿带构成，齿带上间隔分布有尼龙弹性输送拨指。为了保证齿带处于张紧状态和良好输送状态，主动辊轴和被动辊轴之间还装有张紧调节螺栓和起托起作用的中辊轴。为了提高与稻麦联合收割机的通用互换性，减少用户购机成本，将捡拾器设计成独立部件，与谷物联合收割机快速挂接，配套使用。捡拾器由联合收割机提供动力，输送带速由割台搅龙传动轴经两级链轮减速传出，最终调整至与合适的机器工作速度相匹配。捡拾作业时，联合收割机割台的搅龙传动轴经主动辊一侧动力传动换向机构带动主动辊轴转动。为防止捡拾带打滑，在主动和被动辊之间增加一链传动，通过主动辊轴上另一端的链轮链条带动被动辊轴一起转动。此时捡拾输送齿带逆前进方向回转，尼龙弹齿将禾铺油菜挑起送入割台，经输送槽送入脱粒清选装置，完成从捡拾到脱粒清选的联合作业。捡拾台传动示意如图 5-13 所示。

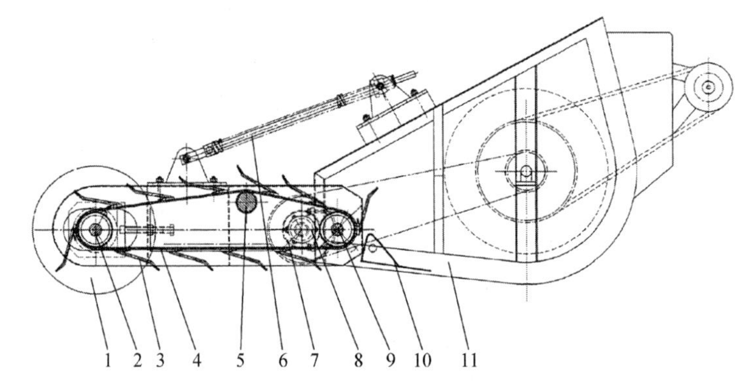

1—仿形轮;2—前辊轴;3—弹齿;4—齿带;5—托轴;6—调节装置;7—换向机构;
8—挂接装置;9—后辊轴;10—喂入导板;11—割台

图 5-12 捡拾器结构示意图

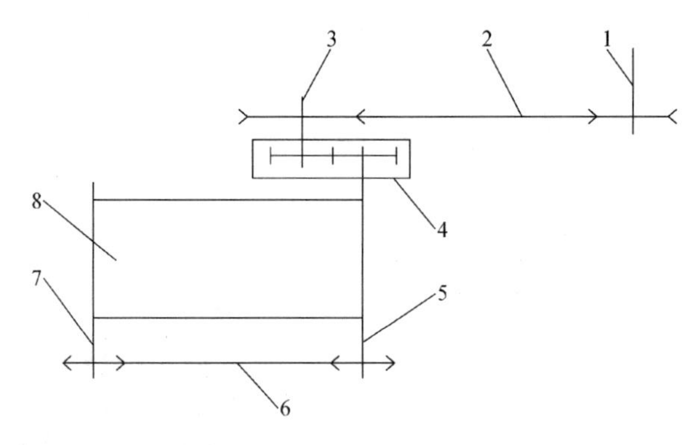

1—割台搅龙传动轴;2—传动带;3—输入轴;4—传动换向机构;5—主动辊轴;
6—链条;7—被动辊轴;8—捡拾输送齿带

图 5-13 捡拾台传动示意图

为使输送物料更平滑、顺畅地流动,在捡拾器输送齿带末端与联合收获机割台衔接处设置有滑切贴合式喂入导板,实现捡拾器和割台间输送无缝衔接,有效防止了油菜茎秆被拨指回带造成损失的问题。同时,保证捡拾的物料无死角、无阻碍地输送到联合收割机割台装置,从而有效地提高了喂入的稳定性和可靠性,使油菜捡拾收获机的工作更为流畅。由图 5-14 可以清楚地看出,喂入导板位于捡拾器后端与割台之间,呈三角形断面,捡拾弹齿与其接触时携带来的茎秆被阻挡,而不会形成回带,并顺势进入割台,而后被割台搅龙送入纵向喂入槽,再进入脱粒滚筒。

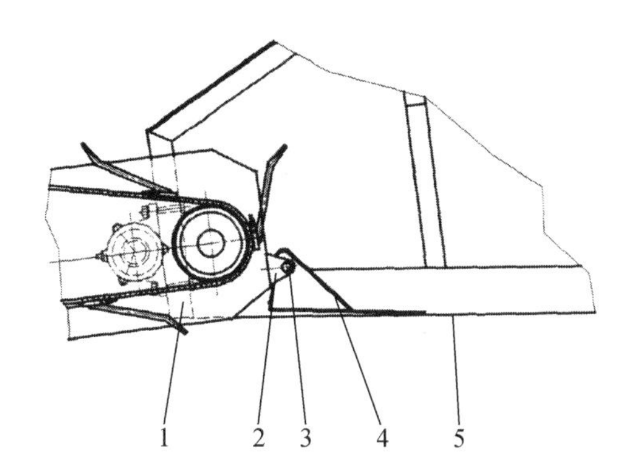

1—捡拾器;2—挂接座;3—销轴;4—喂入导板;5—收获机割台底板

图 5-14　喂入导板装置示意图

在油菜捡拾作业过程中,要求捡拾装置与联合收割机之间非刚性浮动联接,地面高低不平不影响捡拾器作业,即具有地面仿形功能;在非工作或运输状态,机器前部的捡拾装置需要升起时,不至于因翻转角度过大而造成捡拾装置损坏。

如图 5-15 所示,捡拾器固定在一个有导向轮和弹簧的框架上,该框架具有仿形功能,可随地形的起伏变化,而前支轮始终与地面接触,确保捡拾作业干净、没有遗漏;非正常工作即提升捡拾装置使其与地面脱离接触时,能够起到捡拾装置提升翻转的限位作用,避免造成捡拾装置部件损坏。

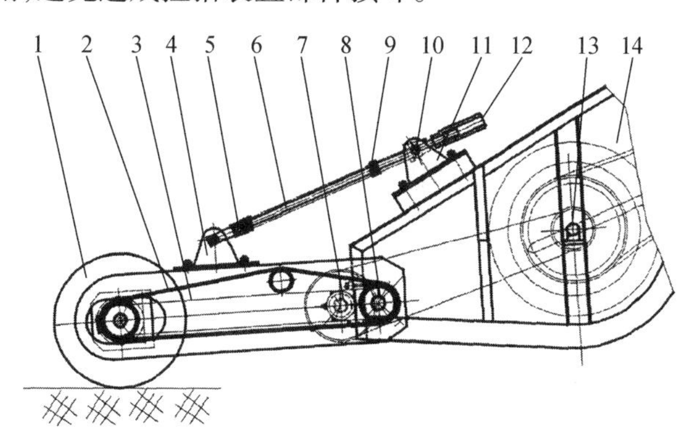

1—仿形轮;2—输送齿带;3—传动链轮;4—调节杆前座;5—移动定位套;6—调节杆;7—铰接轴承座;8—主动辊轴;9—压缩弹簧;10—摆动滑套;11—调节杆后座;12—调节套;13—割台搅龙传动轴;14—收获机割台

图 5-15　仿形调节装置结构示意图

仿形调节装置中,调节杆前座 4 用于连接捡拾装置;调节杆后座 11 用于连接改装后的油菜联合收割机。工作时,将整机置于较为平整的工作田块上,移动定位套 5 调节左、右压缩弹簧 9 的强度,达到预压缩状态,锁紧定位套上的锁紧螺栓,将油菜联合收割机割台调整到工作位置，将捡拾装置前支轮着地，转动左、右调节杆上的调节套12，留出仿形移动量，确定位置后开始收获作业。非工作时由割台提升拉动调节杆带动捡拾装置提升，并因有压缩弹簧的限位作用，使捡拾装置提升翻转角受到限制，达到适宜的非工作状态。

捡拾器的工作幅宽应与田间铺放的油菜禾铺宽度相匹配，即工作幅宽略大于禾铺宽度，以降低漏捡率。我国油菜一般高度（地面上）在1.8 m以下，割下茎秆高度在1.6 m以下，因此捡拾收获机工作幅宽确定为1.8 m。

5.1节中的试验得到的优选值 $\lambda = v_t/v_m = 1.127$，根据式(5-18)，如以 $\gamma = 12°$ 计算，$\lambda \geqslant 1/\cos\gamma = 1.022$，$\lambda = 1.127 \geqslant 1.022$，满足运动学要求。

参考经验数据 $\lambda = 1.1 \sim 1.5$，为了提高作业效率，将 λ 保持在合理范围内，作业速度 v_m 和输送带速度 v_t 可以同步提高。

根据5.1节的运动学分析，$\tan\gamma \leqslant \cot\beta - e/\sin\beta$，本设计选用的弹齿 $\beta = 48°$，$e = 0.316$，由此计算得 $\gamma = 25.4°$，为上限值。根据5.1节中试验结论，齿带输送倾角为12°时损失率最低。如图5-16所示，齿带倾角由捡拾倾角 γ_1 和托辊张紧角 γ_2 构成。

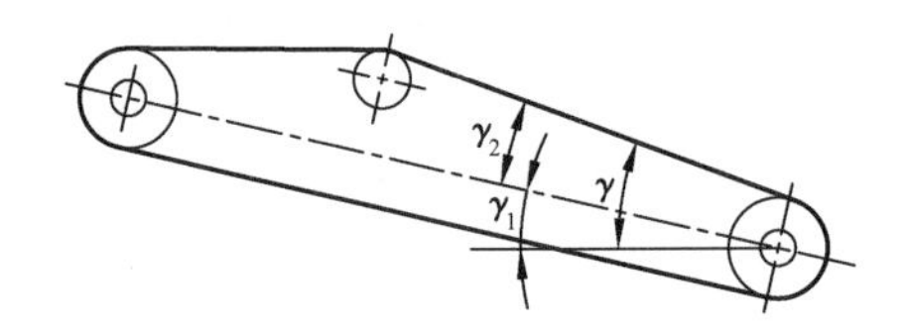

图5-16 捡拾器与齿带倾角

捡拾器倾角 $\gamma_1 = \gamma - \gamma_2$，在实际中，托辊张紧角 $\gamma_2 = 6° \sim 7°$，且变化范围小。本设计中按7°计算，则捡拾器倾角 $\gamma_1 = 5°$。

以捡拾器倾角5°为中间位置设计调节机构，上下拓展，调节范围设为2°～8°（齿带倾角9°～15°），并在明显处表示出该倾角所对应的调节位置，以方便调节操作，并尽可能使用这个倾角进行捡拾作业。

5.4.2 脱粒清选装置的设计与优化

脱粒清选装置是联合收割机的心脏，也是捡拾收获机的核心部件之一，对收获损失率、含杂率、破碎率等性能指标起决定作用。一种作物脱粒清选的难易程度与该作物的果实结构、性状、成熟度、含水率、谷草比等有密切的联系。分段收获的油菜经过割倒、晾晒，其成熟度基本一致，且籽粒、角果含水率比直接收获时下降很多。由物料特性测试可知，分段收获捡拾收获时茎秆含水率下降较少，与联合收获相差较小。根据第3章茎秆切割力测试可知，移栽油菜比直播油菜茎秆切割力更大。因此，要增强打击力，减少挤压力，防止更多水分析出，故脱粒元件选用钉齿式，横置双滚筒配置，前脱粒滚筒为切流喂入结构，转速较低，使成熟、饱满、易脱落的籽粒快速脱落下来；第二滚筒为切向喂入的轴流式脱粒滚筒，转速较高，使油菜茎秆上不十分成熟、含水率较高，未被第一滚筒脱下的籽粒在高速旋转滚筒更强力的打击下脱落下来。籽粒在离心力作用下从凹板栅格中分离出来，茎秆从滚筒末端经排草口排出机体。

图5-17能够清楚地表现双列脱粒滚筒的结构及位置关系。来自于输送槽的待脱粒油菜经过前端脱粒滚筒第一次打击、茎秆粉碎后被送进后端的第二脱粒滚筒，第二脱粒滚筒的凹版间隙（15 mm）小于第一脱粒滚筒，而且第二脱粒滚筒齿杆为6个（多于第一脱粒滚筒的4个），其长度加长至1 285 mm，因此来自第一脱粒滚筒的物料经过第二脱粒滚筒快速打击、揉搓、挤压进一步实现脱粒分离。

割倒晾晒后的油菜茎秆、果荚含水率降低，易于脱粒。脱粒装置采用不同钉齿组合的双滚筒配置和变间距的栅格凹板设计。

前脱粒滚筒尺寸（外径长度）：ϕ540 mm × ϕ650 mm，4杆钉齿；后脱粒滚筒尺寸（外径长度）：ϕ540 mm × ϕ1 285 mm，6杆钉齿。后脱粒滚筒的转速等于或稍大于前脱离滚筒，保证进入后脱离滚筒的物料得到进一步脱粒分离作用，并且不会因滞留而堵塞。比较适宜的参数组合为：喂入量1.6 kg/s、滚筒转速750 r/min、脱粒间隙15 mm、钉齿6排。

图5-17 脱粒滚筒结构图

根据5.2节试验结果，综合考虑清选损失率和含杂率，清选装置采用单风机-双层振动筛结构，考虑编织筛有效分离面积大，适应性和抗堵塞能力更强，因此上筛采用12 mm × 12 mm编织筛，下筛为ϕ8 mm冲孔筛（直接决定损失率和含杂率）。

合理的参数组合为：振动筛曲柄转速260 r/min、离心风机转速860 r/min、离心风机倾角15°。

5.4.3 油菜捡拾脱粒机的性能试验

在稻、麦通用联合收割机割台喂入装置的前端两侧安装轴承座构成的挂接装置,该挂接装置可挂装捡拾器,实现可拆卸独立单元式结构的油菜专用捡拾器部件,与稻、麦通用联合收割机体驳接组合。油菜捡拾收获机的主要工作部件,由捡拾装置、割台装置、输送装置、行走底盘、脱粒装置、分离清选装置等组成。在联合收获机不挂接独立单元式捡拾器而挂接稻麦割台时,可进行正常的稻、麦收获作业,互换方便,一机多用。具体结构如图 5-18、图 5-19 所示。

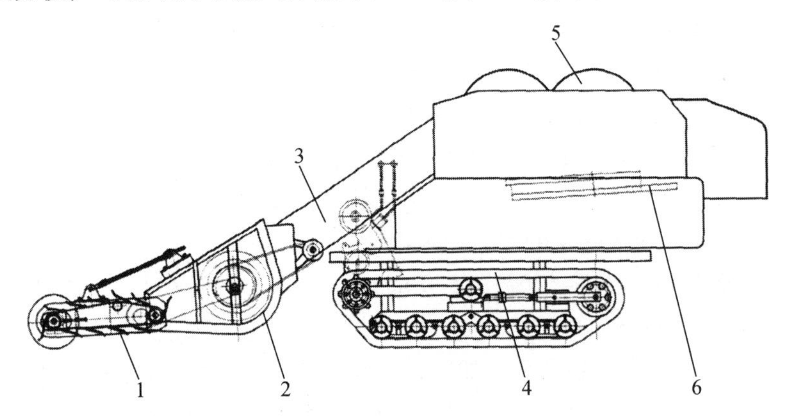

1—捡拾装置;2—割台装置;3—输送装置;4—行走底盘;5—脱粒装置;6—分离清选装置

图 5-18　4JS－1.8 型油菜捡拾收获机结构示意图

图 5-19　4JS－1.8 型捡拾收获机外观

4JS－1.8 型油菜捡拾收获机主要技术参数如下:

配置柴油机动力:33～45 kW;

作业幅宽:1 800 mm;

生产率:0.27～0.40 hm^2/h;

总损失率:油菜总损失率≤4.5%;

破损率:油菜破损率≤0.5%;

含杂率:油菜含杂率≤3% ~5%。

(1) 性能试验

通过田间试验,测定自走式油菜捡拾脱粒机的主要性能指标,包括总损失率、破损率、含杂率等。国内有关油菜收获机械作业质量标准尚不健全,现仅有农业部行业标准《油菜联合收获机质量评价技术规范》(NY/T 1231—2006),而用于油菜分段收获的割晒机、捡拾脱粒机作业质量标准至今仍为空白。本次油菜捡拾脱粒机的性能试验主要依据现有农业部行业标准《油菜联合收获机质量评价技术规范》(NY/T 1231—2006)中相应指标的要求进行性能测定。

(2) 田间试验条件

田间试验条件见表 5-23。

表 5-23　田间试验条件

项目		测定数据
作物自然条件	作物品种	史力佳
	种植方式	直播
	作物成熟期	黄熟
	产量/(kg · hm^{-2})	2 442
	茎秆含水率/%	26.3
	籽粒含水率/%	12
	谷草比	1:4.8
禾铺	铺放宽度/mm	1 280 ~ 1 600
	铺放高度/mm	650 ~ 820

(3) 试验结果

依据《油菜联合收获机质量评价技术规范》(NY/T 1231—2006),对自走式油菜捡拾脱粒机进行性能测定,测定结果见表 5-24。

表 5-24　捡拾试验结果

项目		作业速度/(m · s^{-1})	生产率/(hm^2 · h^{-1})	总损失率/%	含杂率/%	破碎率/%
测定值	第 1 次试验	1.03	0.67	4.91	1.8	0
	第 2 次试验	0.99	0.64	3.14	1.7	0
	第 3 次试验	0.97	0.62	2.23	2.2	0
	平均值	0.99	0.64	3.45	1.9	0
规定值		—	0.40 ~ 0.53	≤5.50	≤5.0	≤0.5
行业标准		—	—	≤8.00	≤6.0	≤0.5

(4) 结果分析

① 捡拾脱粒机田间作业速度平均为0.99 m/s,生产效率较高,为0.64 hm^2/h。这主要是由于割下后经晾晒的油菜茎秆含水率已达到适宜收获的最佳状态,捡拾喂入连贯、通畅,保证了后续脱粒工作的均匀性、连续性,机器可靠性好,工作效率大为提高。

② 总损失率、含杂率平均值分别为3.45%和1.90%,低于设计规定值,测定指标优于行业标准规定。这主要是因为油菜分段收获处理的作物成熟度和含水率与联合收获处理物料有很大的不同,脱粒清选的效果好,性能指标、收获质量得以提高。

③ 试验表明,油菜分段收获通过对脱粒参数的调整,减轻了打击强度;收获时籽粒成熟,含水率低。

4SJ-1.8型自走式油菜捡拾收获机在全国各地进行了多地域、多品种、不同种植方式、不同割晒方式、不同收获时间的比较广泛的试验,取得了良好的试验效果,说明该机具有良好的适应性、稳定性。该机经过进一步改进后,现已在浙江湖州星光农业机械有限公司投产。该机研制成功,为我国油菜机械化收获提供了新的先进适用的装备,对发展油菜生产具有重要作用。

第6章　联合收割机割台模块化设计

现代化通用型联合收割机普遍采用模块化设计，该技术首先以通用型联合收割机的底盘为平台，然后根据收获作物的特点选择配置相对应的独立割台，再调整脱粒、清选装置参数。例如，可以根据油菜收获方式的不同选择配置油菜联合收获机割台、油菜割晒机割台及油菜捡拾收获机捡拾器。本章主要针对通用型联合收割机的独立割台进行研究，设计了独立割台的液压传动系统和能够与底盘快速对接的模块化接口。通过独立割台和模块化接口，联合收割机通用底盘可以快速驳接不同用途的独立割台，增强了联合收割机的适用性，提高了联合收割机的利用率，推动了专用型联合收割机向通用型多功能联合收割机的升级。

6.1　独立割台液压传动系统设计

独立割台没有单独的动力源，需要依靠传动系统获取动力。由于机械传动系统装配较为复杂，不能满足与底盘快速连接或断开的使用要求，所以独立割台采用液压传动获取动力。割台的执行机构包括搅龙、割刀和拨禾轮，均由各自的液压马达单独驱动，使用流量阀独立控制各执行机构的运动参数。

6.1.1　液压系统的设计

(1) 液压系统的总体设计

液压系统如图6-1所示，以定量马达为执行元件，选择定量泵配合定量马达作为节流调速系统，通过调节流经液压元器件的流量来改变驱动马达的输出转速。液压快速接口可以实现割台与底盘之间的油路连接。通过压力表观察油路的压力及其变化。安装溢流阀定压、溢流，保护系统安全，保持液压泵出口压力和流量恒定，确保驱动功率不受负载影响。调速阀控制执行机构驱动马达的转速。

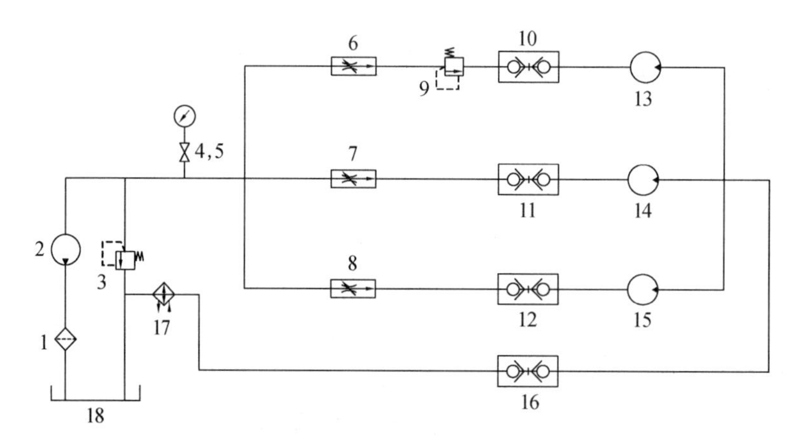

1—过滤器;2—液压泵;3—溢流阀;4—压力表开关;5—压力表;6—拨禾轮马达调速阀;
7—搅龙马达调速阀;8—切割器马达调速阀;9—减压阀;10,11,12,16—快速接口;
13—拨禾轮马达;14—搅龙马达;15—切割器马达;17—冷凝器;18—油箱

图6-1 通用型联合收割机独立割台液压传动系统

(2) 割台各执行机构工作载荷理论分析与计算

① 拨禾轮马达工作载荷功率 P_1 和力矩 M_1

$$P_1 = f_1 b v_1 \tag{6-1}$$

$$M_1 = b f_1 r \tag{6-2}$$

$$v_1 = 2n\pi r/60 \tag{6-3}$$

式中:n——拨禾轮转速,取 $n=15\sim55$ r/min;

r——拨禾轮半径,取 $r=0.468$ m;

b——拨禾轮拨幅,取 $b=2$ m;

f_1——拨禾轮每米长度的拨禾阻力,取 $f_1=40$ N/m;

v_1——拨禾轮弹齿断圆周速度。

代入数据计算得,$v_1=0.73\sim2.69$ m/s,拨禾轮最大功率 $P_{1\max}=0.215$ kW,最大载荷力矩 $M_{1\max}=37.44$ N·m。

② 搅龙马达工作载荷功率 P_2 及力矩 M_2

$$P_2 = Ug(l\eta_1 + h)\eta_2 \tag{6-4}$$

$$M_2 = 9\ 550\frac{P_2}{n_2} \tag{6-5}$$

式中:U——生产率,取 $U=2$ kg/s;

η_1——阻力系数,取 $\eta_1=5$;

l——割台长度,取 $l=2$ m;

h——作物提升高度,取 $h=0$ m;

g——重力加速度，$m \cdot s^{-2}$；

η_2——校正系数，取 $\eta_2 = 10$；

n_2——搅龙马达工作载荷功率，取 $n_2 = 150 \sim 250$ r/min。

代入数据计算得，搅龙最大载荷功率 $P_{2max} = 1.96$ kW，最大载荷力矩 $M_{2max} = 124.8$ N·m。

③ 切割器工作载荷功率 P_3 力矩 M_3

$$P_3 = P_{3g} + P_{3k} = v_m b E_0 - P_{3k} \tag{6-6}$$

$$M_3 = 9\ 550 P_3 / n_3 \tag{6-7}$$

式中：v_m——收割机前进速度，取 $v_m = 1$ m/s；

b——收割机割幅，取 $b = 2$ m；

E_0——每平方米土地上茎秆切割所需功，取 $E_0 = 300$ (N·m)/m^2；

n_3——切割器马达转速，r/min，取 $n_3 = 350 \sim 550$ r/min；

P_{3g}——切割功率，kW；

P_{3k}——空转功率，与切割器安装技术有关，取 $P_{3k} = 1$ kW。

则有 $P_{3max} = 2.6$ kW，$M_{3max} = 70.94$ N·m。

(3) 液压元器件的选型

选择系统最高工作压力为 16 MPa、连续工作压力为 $p = 10$ MPa。拨禾轮、搅龙、切割器马达所需要的液压马达排量为 q_i，流量为 $Q_i (i = 1,2,3)$，则

$$q_i = 2\pi M_i / p \tag{6-8}$$

$$Q_i = n_i q_i / 1\ 000 \tag{6-9}$$

式中：M_i——马达最高载荷力矩，N·m；

n_i——相对应马达最高转速，r/min。

各马达所需排量 $q_1 = 23.5$ cm^3，$q_2 = 78.37$ cm^3，$q_3 = 44.55$ cm^3。

根据马达转速和所需排量确定所需流量，综合计算结果见表6-1。

表6-1　系统和马达参数

部件	最大载荷功率/kW	载荷转矩范围/(N·m)	工作载荷/(N·m)	马达排量/(cm^3·r^{-1})	马达转速范围/(r·min^{-1})	马达最大流量/(cm^3·min^{-1})
拨禾轮	0.22	23.40 ~ 37.44	23.9	50	15 ~ 55	2 750
搅龙	1.96	74.87 ~ 124.80	78.5	80	150 ~ 250	20 000
切割器	2.60	45.15 ~ 70.94	44.6	80	350 ~ 550	44 000
总计	4.78	157.50 ~ 332.60				66 750

液压泵的最大工作压力为 p_{max}，取 $p_{max} \geq 16$ MPa，液压泵的流量

$$Q_P \geq k \sum Q_{i\max} \tag{6-10}$$

式中：k——系统泄漏系数，一般取 $k=1.1\sim1.3$，本书取 1.2；

$Q_{i\max}$——各部件的最大流量，cm^3/min。

代入表 6-1 数据得，$Q_P\geqslant80\ 100\ cm^3/min$。

根据以上计算，选择派克公司的 CBT-E540 液压泵作为动力源，排量为 40 cm^3，额定压力为 20 MPa，最大转速为 2 500 r/min。液压泵直接安装在发动机上，与发动机曲轴转速相同，发动机转速为 2 000 ~ 2 500 r/min，联合收割机作业时均为发动机满负荷工作，计算得流量为 80 ~ 100 L/min，满足液压泵的转速要求。

根据马达转速和转矩要求，拨禾轮、搅龙、切割器驱动马达分别选择中瑞液压公司的 BM1-50 和 BM1－80，参数见表 6-2。

表 6-2 马达型号参数

型号	排量/($cm^3\cdot r^{-1}$)	最高转速/($r\cdot min^{-1}$)		流量/($L\cdot min^{-1}$)		最大扭矩/($N\cdot m$)		最高压力/MPa	
		连续	间断	连续	间断	连续	间断	连续	间断
BM1－50	50	720	850	40	45	95	110	14	16
BM1－80	80	610	670	55	60	155	175	14	16

(4) 液压辅助元器件选择

① 管道尺寸。

$$d=\sqrt{4Q/\pi v}\tag{6-11}$$

式中：Q——管道内流量，m^3/s；

v——管内允许流速，m/s。

允许流速推荐值见表 6-3。

表 6-3 允许流速推荐值

管道	推荐流速/($m\cdot s^{-1}$)
液压泵吸油管	0.5 ~ 1.5，一般取 1.0 以下
液压系统压油管道	3 ~ 6，压力高，管道短，黏度小取大值
液压系统回油管道	1.5 ~ 2.6

取吸油管流速 $v_1=1$ m/s，液压系统压油管流速 $v_1=5$ m/s，根据计算结果和实际高压软管的型号综合选择：吸油管内径 $d_1=12$ mm，总压油内径 $d_2=12$ mm，拨禾轮、搅龙和切割器驱动马达的进油管内径分别为 $d_{21}=6$ mm，$d_{22}=12$ mm，$d_{23}=14$ mm，回油管内径 $d_3=18$ mm。

② 油箱设计：满足系统供油的需求，驱动马达全部排油时，油箱不能溢出；系

统充满液压油时，油箱的油位必须高于最低限度。参照经验公式，设计油箱的容量为75 L。

③ 吸油管路滤油器的选择：网式滤油器，型号为WU－250×180。

④ 阀的规格：溢流阀按液压泵的最大流量选取。调速阀根据满足各驱动马达最低稳定转速要求的最小稳定流量选取。为防止短时间内的过流量，控制阀与调速阀的流量需比实际通过的流量高20%。液压阀选型结果见表6-4。

表6-4　液压系统阀的规格型号

序号	名称	规格型号	单位	数量
1	调速阀	2FRM10－20/50L	只	3
2	压力表	YN60I－40MPA	只	1
3	高压球阀	KHB－G1－PN315	只	1
4	压力表开关	KF－L8/14E	只	1
6	先导式减压阀	DR10－1－L5X/10YM	套	1
7	开闭式液压快速接头	LSQ－S1－04SF/PF G1/2	只	3
8	开闭式液压快速接头	LSQ－S1－04SF/PF G1	套	1

6.1.2　独立割台液压系统性能计算

系统的压力损失Δp包括管路的沿程损失Δp_1、管路的局部压力损失Δp_2和阀类的压力损失Δp_3。

$$\Delta p = \Delta p_1 + \Delta p_2 + \Delta p_3 \tag{6-12}$$

$$\Delta p_1 = \frac{\lambda \rho L_1 v_t^2}{2d} \tag{6-13}$$

$$\Delta p_2 = \frac{\zeta \rho v_t^2}{2} \tag{6-14}$$

$$\Delta p_3 = \Delta p_n \left(\frac{Q_s}{Q_n} \right)^2 \tag{6-15}$$

式中：λ——沿程阻力系数；

ρ——液压油密度，kg/m^3；

L_1——管道长度，m；

v_t——液流平均速度，m/s；

ζ——局部阻力系数；

Q_n——额定流量，m^3/h；

Q_s——实际流量，m^3/h；

Δp_n——阀的额定压力损失(可从产品样本中查到)。

将各支路油管等效到总油管,则吸油管长 2 m,压油管长 4 m,回油管长 4 m。选用 YB-32 液压油,计算得压力损失见表 6-5,液压阀压力损失为 0.18 MPa,液压系统总压力损失为 0.261 MPa。

表 6-5　压力损失 Pa

类型	吸油管路	回油管路	压油管路
沿程损失	1 547	8 250	51 567
局部损失	138	552	3 450
压力损失	12 000	9 000	60 000

6.1.3　独立割台液压系统仿真

采用 AMESim 软件中的液压元件库与机械元件库进行独立割台液压系统的仿真。液压系统仿真模块如图 6-2 所示。

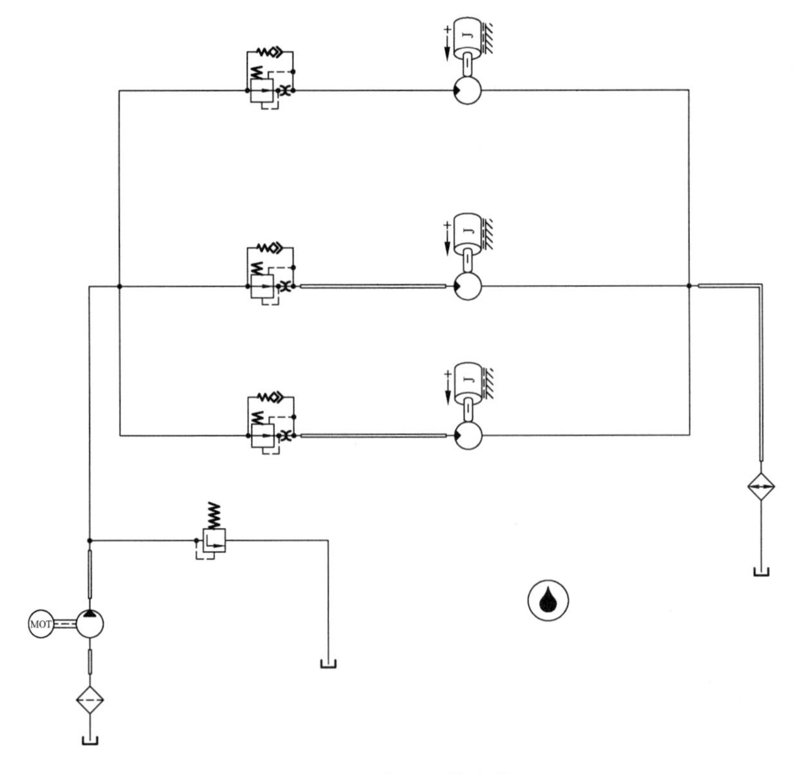

图 6-2　液压系统建模

参考6.1.2节对液压系统参数的分析结果,分别对液压泵、马达负载载荷、调速阀及溢流阀进行参数设置:液压泵的排量为40 mL/r,转速为2 300 r/min;拨禾轮、搅龙、切割器马达排量分别为50,80,80 mL/r,最大转速为1 000 r/min;马达负载转矩和信号为负载范围的正弦信号;溢流阀溢流压力为16 MPa。由此可得在模拟正弦负载输入的情况下,拨禾轮、搅龙和割刀的驱动马达转速特性曲线。

调节调速阀流量可控制独立割台液压传动系统各马达(拨禾轮、搅龙、切割器的驱动马达)的输出转速。仿真分析的参数见表6-6所示,高速作业仿真结果如图6-3所示,低速作业仿真结果如图6-4所示。3个执行机构的转速均在所要求的范围内,满足联合收割机低速收割作业时各驱动马达的转速、转矩要求。

表6-6　仿真分析数值

工作部件	拨禾轮		搅龙		切割器	
	高速	低速	高速	低速	高速	低速
调速阀流量/($L \cdot min^{-1}$)	2.8	1.2	20	13	47	30
负载转矩范围/($N \cdot m$)	20~40	20~40	75~130	55~110	40~80	50~80
马达转速/($r \cdot min^{-1}$)	55	28	248	162	584	373

6.1.4　独立割台液压传动系统构建

通用型联合收割机独立割台的执行机构均由液压马达单独驱动。定量泵配合定量马达节流调速液压系统传递动力,流量阀控制运动参数,调速阀控制执行机构转速,驱动功率不受负载影响,各驱动马达转速稳定。驾驶员可以根据实际情况调整调速阀参数,协调割台各机构参数,以在最佳的组合下完成收割作业。液压泵安装在发动机后方,通过发动机曲轴带动皮带轮获取动力。将传统割台的机械传动系统改装为液压传动系统如图6-5所示。

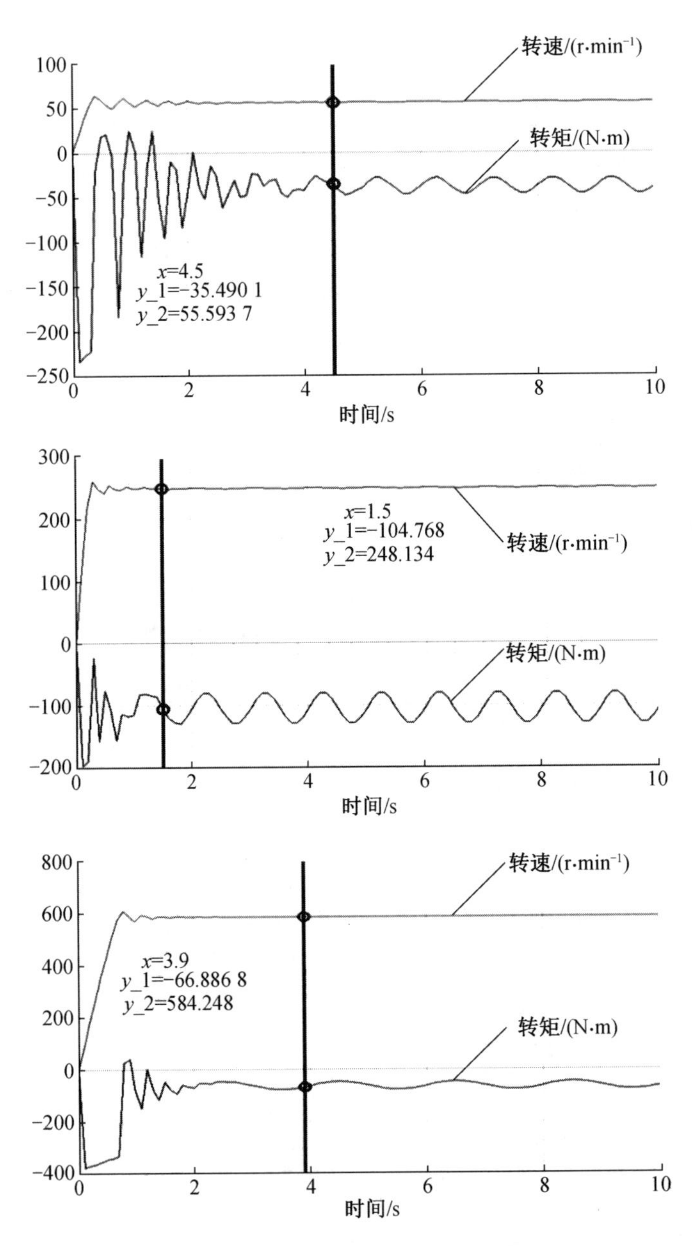

图 6-3　高速作业马达转速转矩特性图

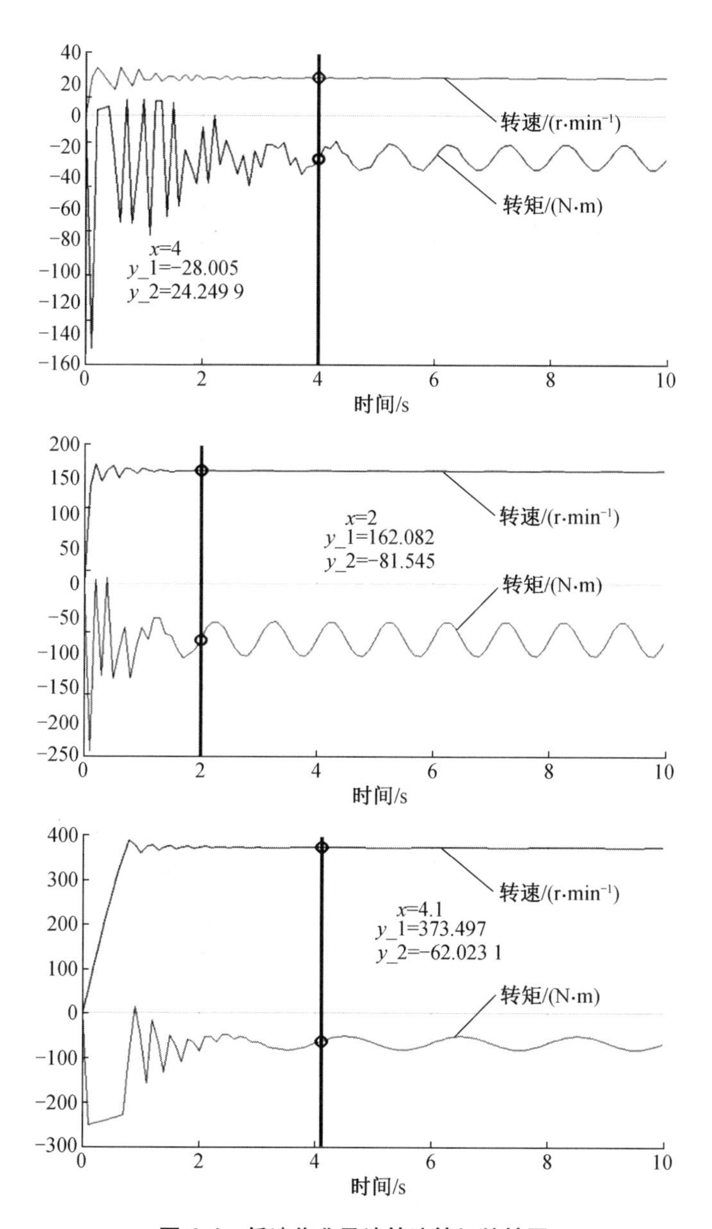

图 6-4　低速作业马达转速转矩特性图

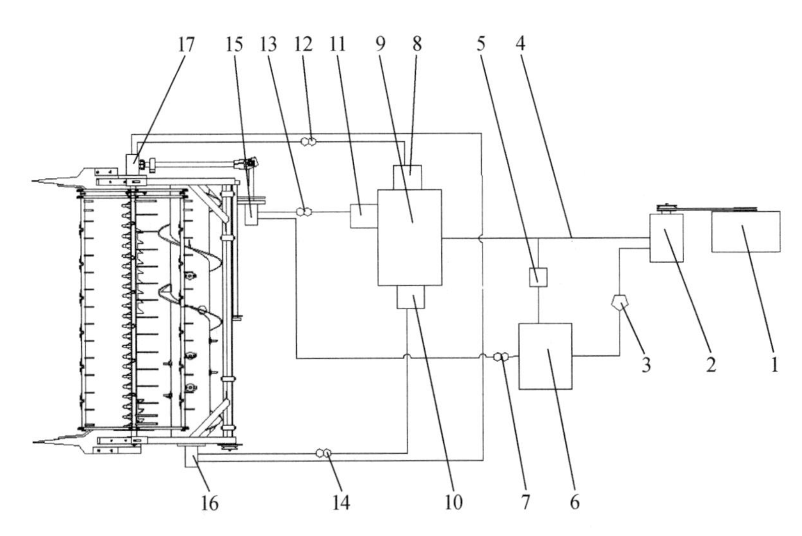

1—发动机;2—液压泵;3—过滤器;4—液压管道;5—溢流阀;6—油箱;7,12,13,14—快速接头;8,10,11—调速阀;9—阀块;15—割刀马达;16—搅龙马达;17—拨禾轮马达

图 6-5 割台液压传动系统

6.2 独立割台与底盘模块化接口设计

独立割台与通用底盘间通过模块化接口连接,包括割台接口和底盘接口。通过规范统一、形式标准的模块化接口,通用型联合收割机底盘就可以快速对接各种独立割台,实现一机多用的目的。模块化接口需要实现割台与底盘的快速连接和断开,而割台重量大,不可移动,只能操纵底盘并且准确地完成对接。为了确保割台作业的稳定性和可靠性,还需要有操作方便、稳定可靠的接口锁死装置。针对上述难点,本节针对导向机构、挂接支撑机构、安全锁机构等通用型联合收割机模块化接口的关键机构进行了设计和优化。

6.2.1 导向机构

通用底盘与独立割台对接的过程中,为确保底盘接口能够准确达到驳接位置,需要设计一种导向机构引导底盘的移动方向,使收割机输送槽上的底盘接口能够快速准确地到达割台接口位置并实现对接,然后才能进行独立割台的挂接和锁定。所设计的导向机构如 6-6 所示,导向轨的梯形结构可以减小割台和输送槽之间的接触强度,左导向轨底端留有安全锁孔。

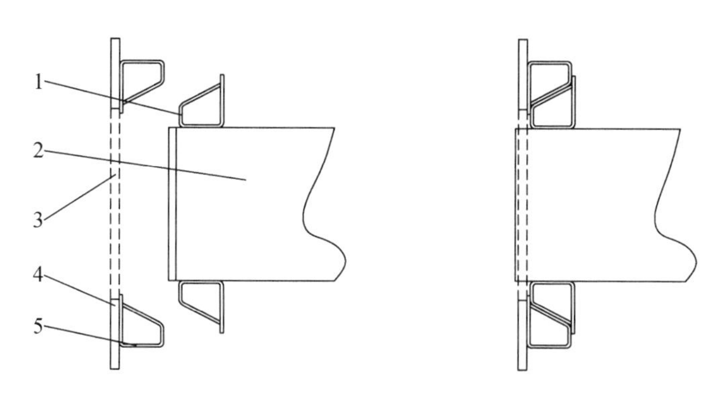

1—凸导向轨;2—输送槽;3—割台输料口;4—割台主挂梁;5—凹导向轨

图6-6　导向机构简图

导向机构工作原理如6-7所示,挂接割台时,底盘接口跟随底盘向安装在割台上的割台接口移动。输送槽上的凸导轨和独立割台上的凹导轨相互配合,确保输送槽和割台向预定配合位置接近,直到完全接触。凹导向轨两端与凸导向轨两端的距离不同,底盘与割台间的位置偏差在这个范围内时,导向机构就能确保输送槽和割台对接。

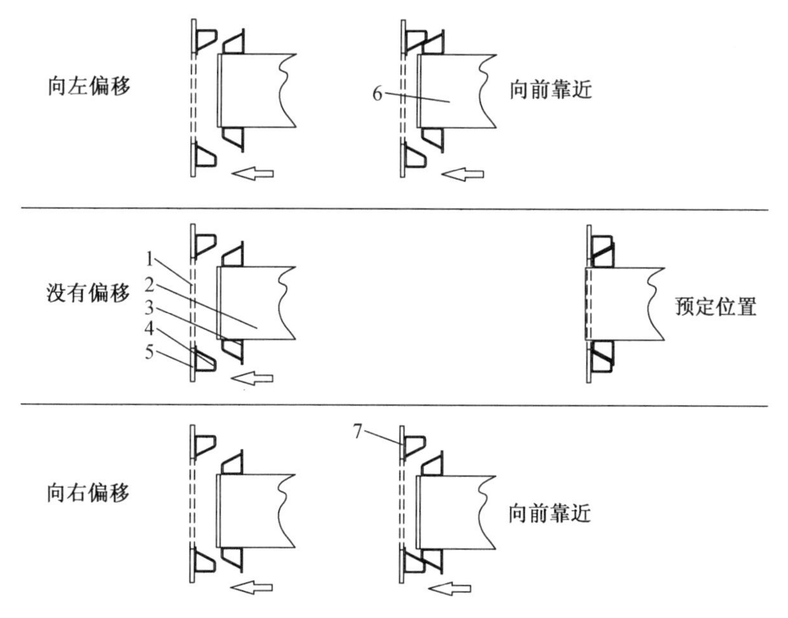

1—割台输料口;2—输送槽;3—凸导向轨;4—凹导向轨;5—割台主挂梁;6—输送槽;7—割台

图6-7　导向机构工作原理简图

图6-8与图6-9为导向机构在通用型联合收割机底盘与独立割台模块化接口中的三维安装视图。图6-10为通用型联合收割机底盘与独立割台对接后的示意图。

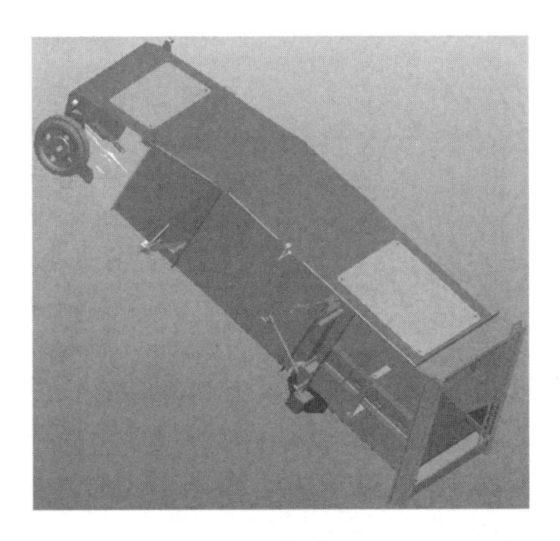

图 6-8　凸导向轨在输送槽上的安装视图

图 6-9　凹导向轨在割台后侧板的安装视图

图 6-10　导向机构对接示意图

6.2.2　支撑挂接机构

模块化接口的挂接支撑机构包括安装在输送槽上的支撑机构和安装在独立割台上的挂接机构。支撑挂接机构承载割台重力，确保底盘与割台之间的可靠稳定连接。支撑机构和挂接机构配合连接，完成底盘模块化接口和独立割台模块化接口的驳接工作。

支撑机构和挂接机构需要满足以下 3 个条件:① 便于底盘与割台间的快速连接或断开;② 确保连接后底盘与割台之间不能有相对位移;③ 强度足够支撑割台,结构简单,节省材料。

本书所提出的支撑机构和挂接机构如图 6-11、图 6-12 所示。支撑机构包括挂接板和 2 个支撑梁,挂接板安装在输送槽顶部,支撑板焊接在输送槽左右两侧。支撑板顶部按照挂接板的形状设计,支撑挂接板;底部与输送槽底板连接,不会阻碍作物物料的流畅输送。挂接板为凹形卡槽,挂接梁可以沿挂接板前端的倾斜板滑进凹形槽的底部。挂接梁会被凹形槽底部直角边卡住,不会发生相对滑动。向前弯曲的弯板不但可以增加支撑板的强度,还可以作为挂接梁退出挂接板的导向机构。图 6-13 为挂接机构在独立割台上的装配图,其中加亮部分为主挂接梁。

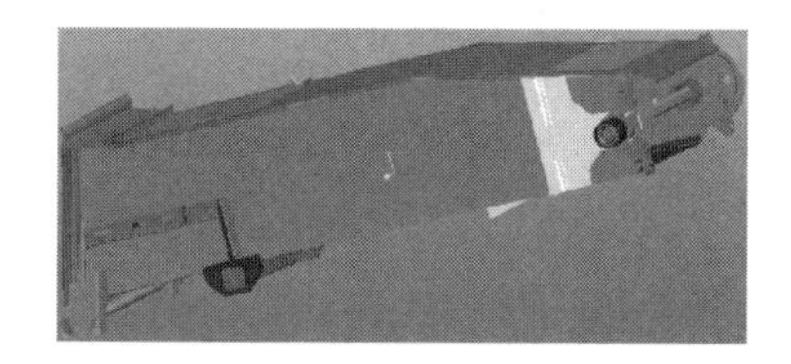
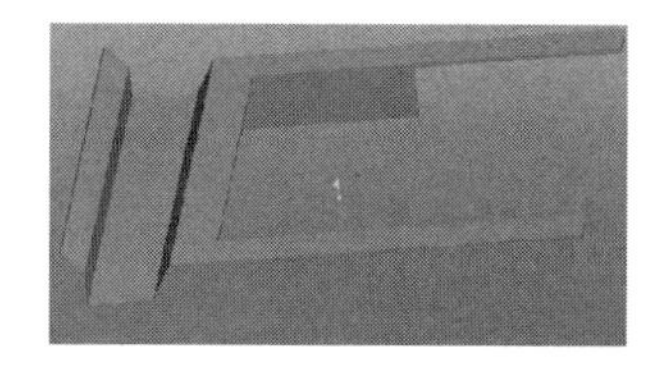

图 6-11　支撑机构

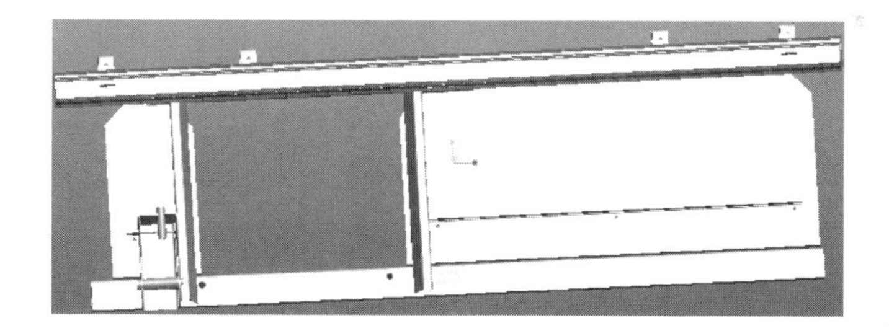

图 6-12　挂接机构

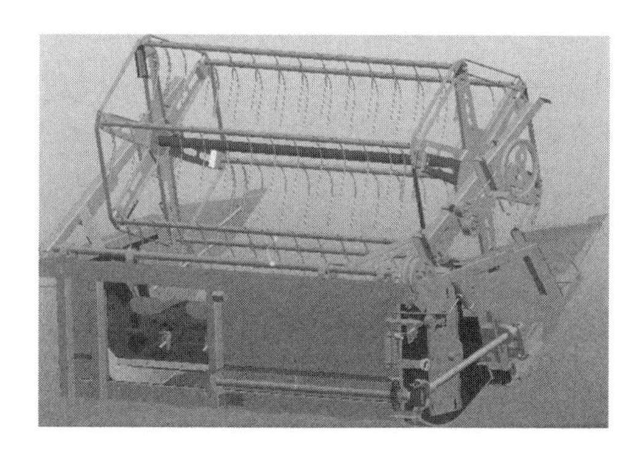

图 6-13　独立割台挂接机构装配图

驳接过程如下(如图 6-14、图 6-15 所示):① 支撑机构在导向机构的引导下靠近挂接机构。② 割台升降油缸通过挂接板前段的曲线弯板带动支撑机构向上移动。③ 挂接梁在重力作用下沿倾斜板与挂接板发生相对滑动,直至挂接梁滑进凹形槽的底部。④ 固定挂接机构与支撑机构的相对位置,挂接梁在卡槽的约束下无法移动,完成模块化接口的驳接作业。

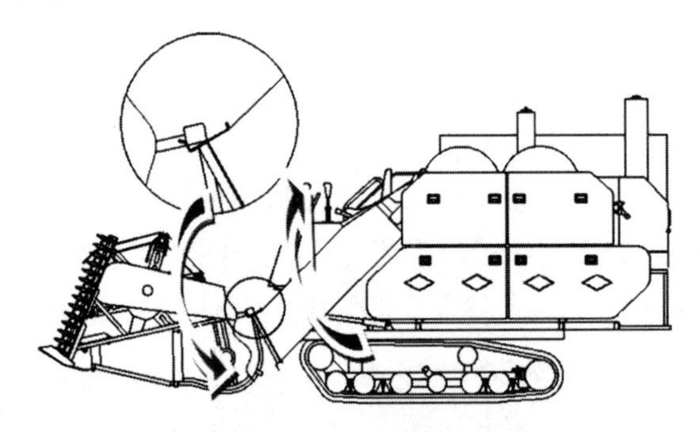

图 6-14　开始驳接

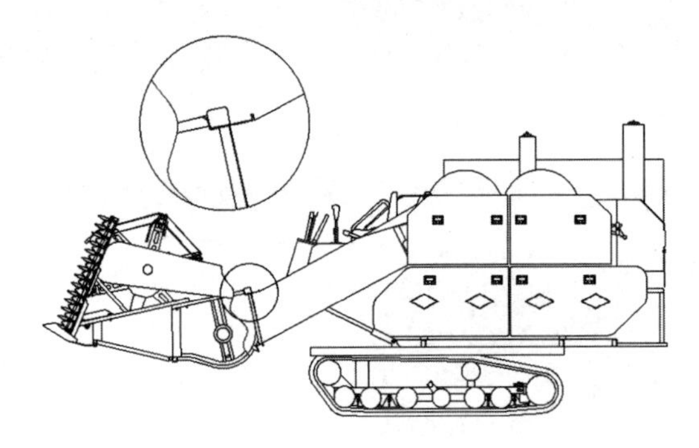

图 6-15　完成驳接

6.2.3　安全锁

支撑机构和挂架机构完成驳接配合后,使用安全锁进行位置固定,确保底盘与割台之间不再发生位置变化。安全锁需满足操作方便、结构简单、安全可靠的特点。

安全锁的结构如图 6-16 所示。

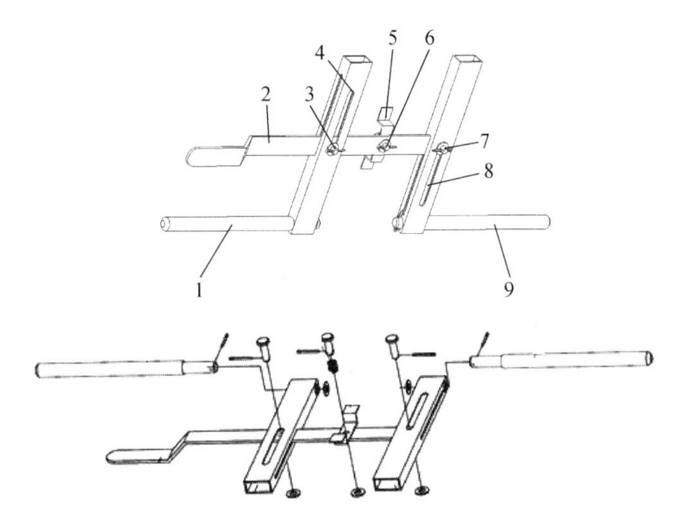

1—左伸缩轴;2—操作手柄;3—左滑销;4—左滑槽;5—旋转固定板;6—旋转销;
7—右滑销;8—右滑槽;9—右伸缩轴

图 6-16　安全锁简图

安全锁操作手柄上开有 3 个销孔,分别用于左滑销、旋转销及右滑销的穿插配合;处于同一轴线上的左、右伸缩轴和左、右滑槽均通过开口销固定连接;旋转固定板与操作手柄通过旋转销铰接;操作手柄穿过左右滑槽的侧面通过左右滑销与左右滑槽连接,操作手柄可以以旋转销为中心转动,带动滑销在滑槽的槽内上下滑动,从而带动滑槽和伸缩轴运动,独立割台后侧板的凹导轨上预留有与伸缩轴做穿插配合的通孔。独立割台后侧板如图 6-17 所示。

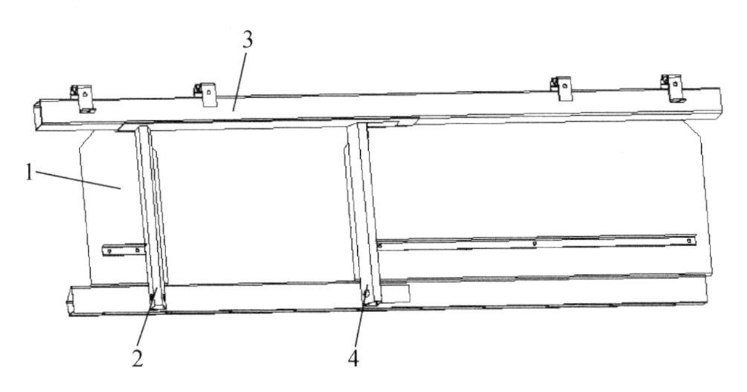

1—后加强板;2—左凹导轨;3—割台挂梁;4—右凹导轨

图 6-17　独立割台后侧板

安全锁的安装位置如图 6-18 所示,旋转固定板、限位销和卡槽都焊接固定在输送槽底板。伸缩轴通过卡槽上的通孔插入凸导轨的预留伸缩孔中。卡槽可以确保左右伸缩轴插入导轨时的同轴度,还能提高安全锁的强度和稳定性。限位弹簧可以使操作手柄在不移动的时候尽量贴近输送槽底板，切换安全锁的“开”“关”状态时，抬起操作手柄至上、下限位销位置。

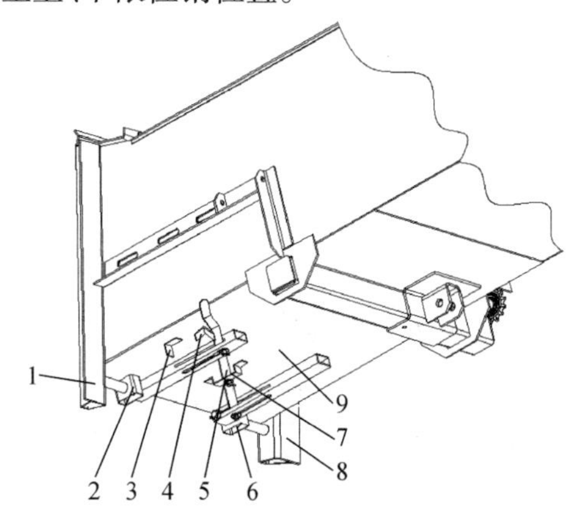

1—左凸导轨；2—左卡槽；3—下限位销；4—上限位销；5—旋转销；6—右卡槽；
7—限位弹簧；8—右凸导轨图；9—输送槽底板

图 6-18　安全锁安装位置示意图

操作手柄在上限位销限制下，安全锁处于打开状态，如图 6-19 所示。操作手柄在下限位销限制下，安全锁处于锁死状态，如图 6-20 所示。

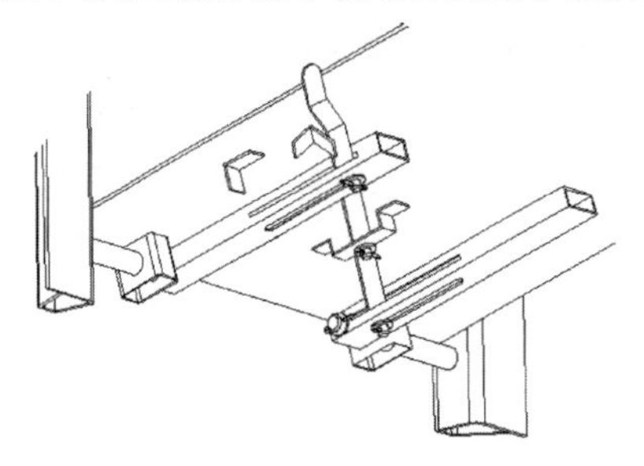

图 6-19　打开状态的安全锁机构图

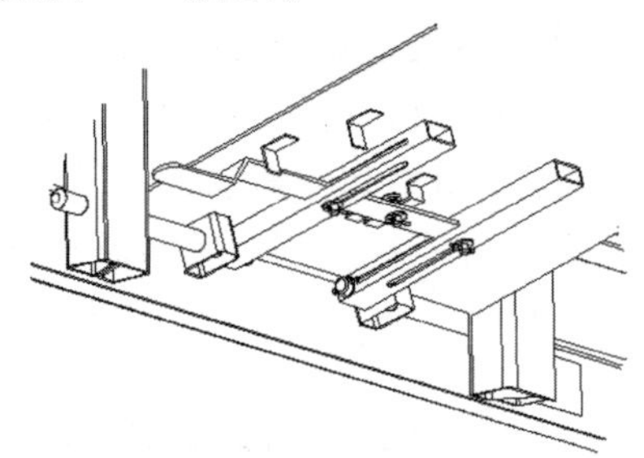

图 6-20　锁死状态的安全锁机构图

图 6-21 为底盘与割台完成驳接并锁死安全锁后的示意图。

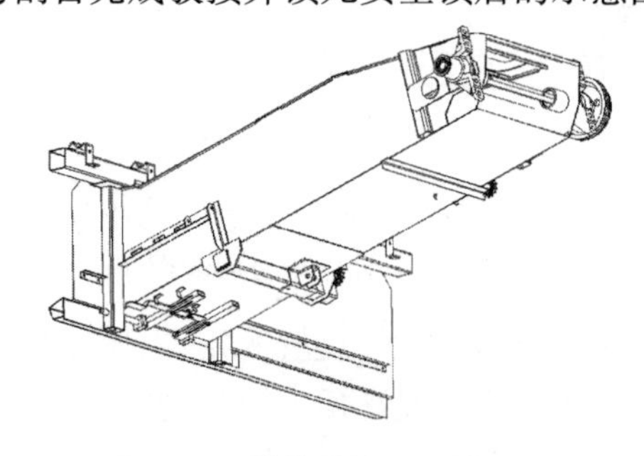

图 6-21　模块化接口驳接视图

6.2.4　模块化液压接口

通用型联合收割机的割台搅龙、割刀及拨禾轮等机构采用液压马达驱动，独立割台通过液压模块化接口与底盘连接并获取动力。模块化液压接口如图6-22所示。

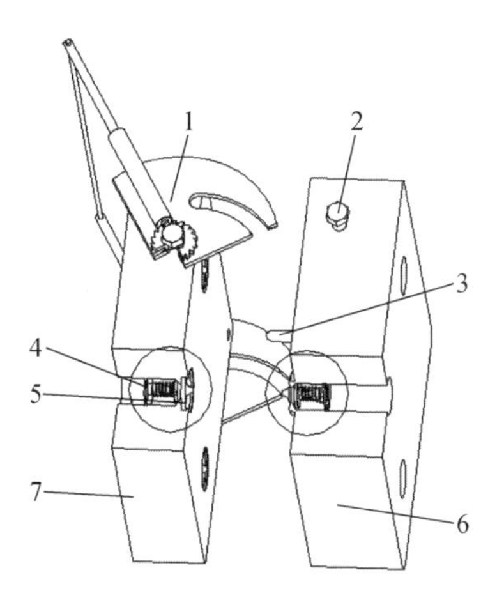

1—固定锁组件；2—固定螺栓；3—导向轨；4—阀芯组件；5—O形圈；6—A阀块；7—B阀块

图6-22　模块化液压接口

模块化液压接口包括可以固定A，B阀块的固定锁组件、导向轨、阀芯组件及A，B两阀块（如图6-23所示）。焊接在A阀块对角上的两导向轨与B阀块上的孔对应，在两阀块连接时导向轨插入孔内起导向作用。固定锁组件由操作手柄、伸缩杆、套筒、弹簧、棘轮、螺栓、固定卡组成，弹簧置于上端有挡板的套筒内，弹簧在套筒内被套筒上挡板限位，伸缩轴穿过弹簧及套筒，伸缩轴下端台阶限位弹簧下端，伸缩轴台阶下端与棘轮配合，两伸缩轴由穿过其上端通孔的操作手柄连接，在保证伸缩轴与棘轮配合的前提下焊接套筒与固定卡。固定锁组件依靠螺栓连接于B阀块上，固定锁上棘轮由螺栓固定于阀块B上，操作手柄、伸缩杆、套筒、弹簧、固定卡可以以螺栓为中心相对于棘轮旋转。固定螺栓连接于阀块A上，与固定锁相对应的位置。阀芯置于阀块各孔内，孔用挡圈固定阀座位置，锥阀可以在阀座孔内左右运动，在压缩弹簧作用下使安装在锥阀上的O形圈紧贴孔内锥形面，B阀块上孔的锥形面外侧装有O形圈。

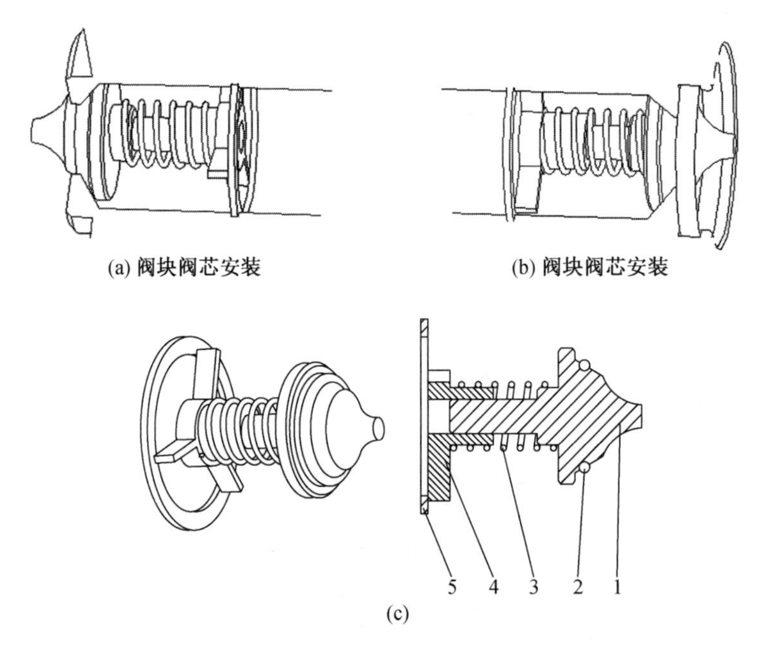

1—锥阀;2—O 形圈;3—弹簧;4—阀座;5—孔用挡圈

图 6-23　阀块

如图 6-24 所示,连接接口模块时,操作手柄带动固定卡顺时针旋转,固定螺栓在固定卡卡槽内滑动,同时,两阀块逐渐靠近并连接,固定锁顺时针旋转到极限位置时两阀块连接,在棘轮反推力作用下,固定锁处于固定位置,与此同时,阀块连接处于稳态,如图 6-25 所示。当需要断开模块连接时,向上拉动操作手柄,使伸缩轴克服套筒内弹簧阻力向上移动,棘轮限位状态即失效,逆时针旋转操作手柄即可断开阀块连接。

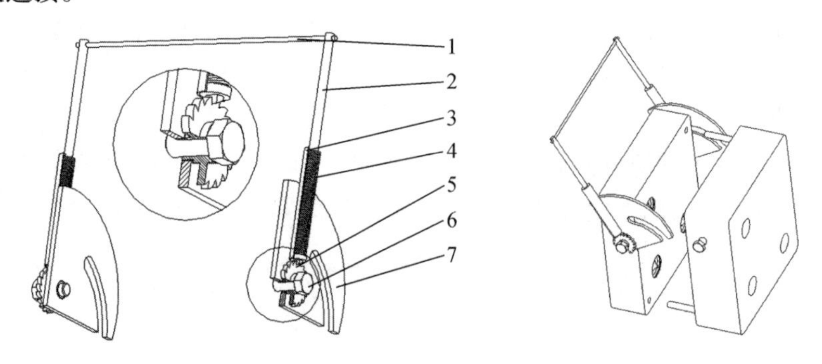

1—操作手柄;2—伸缩杆;3—套筒;4—弹簧;5—棘轮;6—螺栓;7—固定卡

图 6-24　模块分离状态

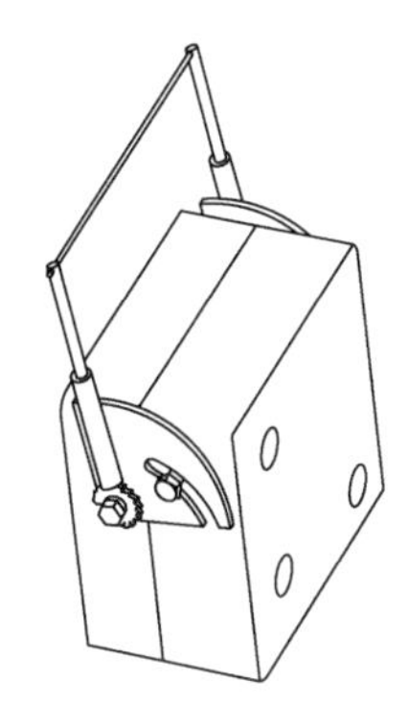

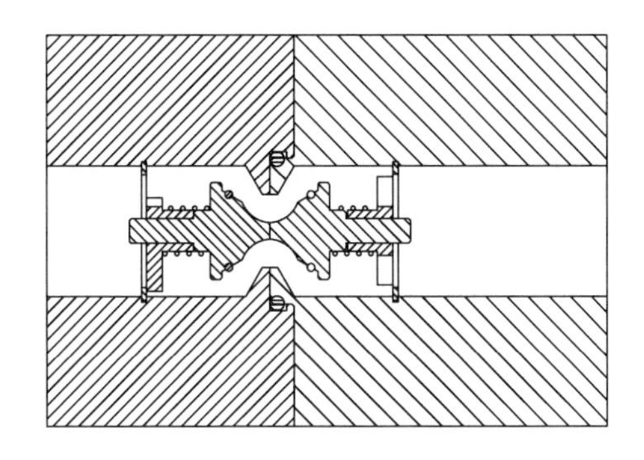

图6-25　模块完成连接

6.3　样机设计与试验

6.3.1　样机设计

独立割台包括分禾装置、螺旋扒指式输送器、拨禾轮、切割装置、割台支架及液压传动系统等。将传统割台的机械传动系统改装为液压传动系统并安装割台模块化接口,完成独立割台的改装。独立割台样机如图6-26所示。通过上节介绍的导向机构、支撑机构、安全锁等机构可完成与通用底盘的快速连接。

图6-26　独立割台液压系统样机

通用型联合收割机底盘如图6-27所示,包括联合收割机除割台外的其他所有工作部件,选择装配不同功能的独立割台(见图6-28)可适用于稻麦联合收获,油菜联合收获,油菜割晒、捡拾收获,实现一机多用的目的。

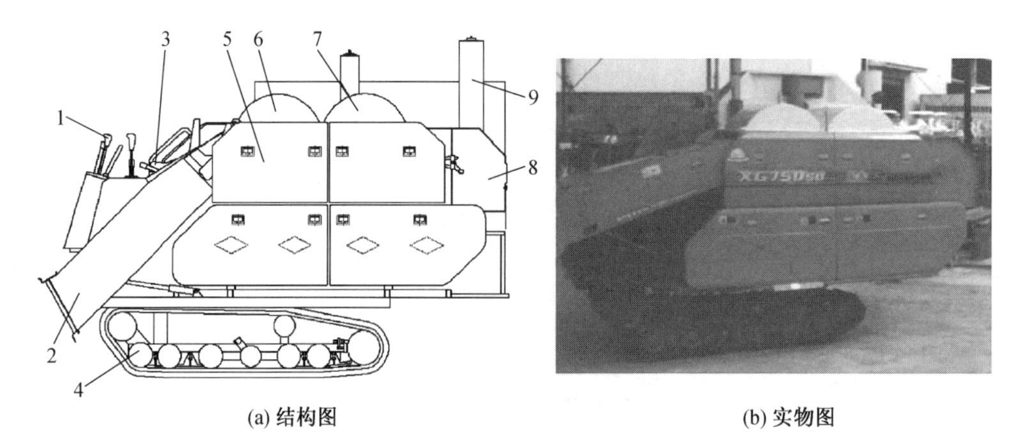

(a) 结构图　　(b) 实物图

1—操作手柄;2—输送槽;3—驾驶室;4—行走系统;5—传动系统罩壳;6—前脱粒滚筒;7—后脱粒滚筒;8—排草装置;9—输粮装置

图 6-27　通用型联合收割机底盘

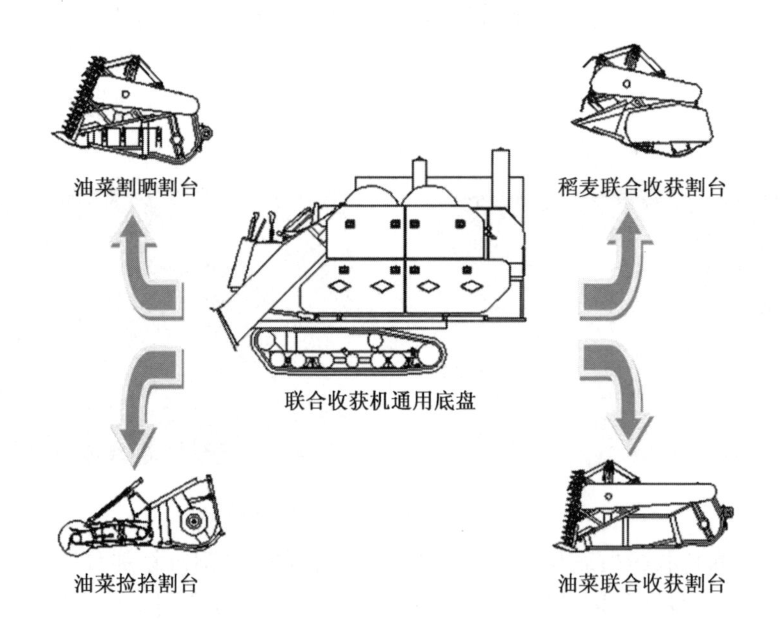

图 6-28　一加四通用型联合收割机

6.3.2　独立割台样机试验

(1) 模块化接口驳接试验

根据所设计的独立割台样机和高性能通用底盘样机进行模块化驳接试验,与传统割台的安装试验进行对比。模块化接口驳接独立割台只需一个机手进行操作,传统的割台更换需要3个人使用扳手、叉车、行吊等工具进行操作。对比结果见表6-7,传统的割台更换用时一般都会超过2 h,而独立割台通过模块化接口驳接一般只需要10 min左右,可大大节省人力和时间。

表6-7　驳接割台对比试验

序号	模块化接口驳接用时/min	传统割台更换用时/min
1	10	213
2	8	198
3	13	169

(2) 独立割台运行试验

确定某个执行机构(拨禾轮、搅龙、切割器)的马达转速,测试另外2台马达可以达到的极限转速。分别固定拨禾轮、搅龙、切割器的马达转速为44,190,420 r/min进行试验,结果见表6-8。驾驶员可以根据工作情况调整马达转速,使割台各机构在最佳的参数组合下完成收获作业。

表6-8　独立割台液压系统试验　r/min

转速	拨禾轮转速		搅龙转速		切割器转速	
	最大	最小	最大	最小	最大	最小
拨禾轮马达转速44	—	—	252	135	568	339
搅龙马达转速190	78	19	—	—	543	242
切割器马达转速420	71	17	283	146	—	—

(3) 收获效果田间试验

为研究联合收割机独立割台各执行机构在不同转速下对收割效果的影响,以收割效率和割台损失为评价标准,以拨禾轮转速、搅龙转速、割刀往复运动速度和前进速度4个指标为试验因素,各因素取3个水平,选取$L_9(3^4)$正交实验表在通用型联合收割机上进行试验,各因素的水平见表6-9。试验结果见表6-10。

表6-9　试验因素与水平

因素	拨禾轮转速 A/($r \cdot min^{-1}$)	搅龙转速 B/($r \cdot min^{-1}$)	割刀速度 C/($r \cdot min^{-1}$)	前进速度 D/($m \cdot s^{-1}$)
1	41	220	490	0.8
2	46	253	560	1.0
3	53	295	660	1.25

根据极差分析结果和损失率越小越好的原则，影响割台损失率及效率的主次因素依次为拨禾轮转速、机器前进速度、搅龙转速、割刀频率，最优水平组合为$A_1B_2C_2D_3$，损失率小于2.21%。

表6-10　试验方案及试验结果

试验号	$A/(r \cdot min^{-1})$	$B/(r \cdot min^{-1})$	$C/(r \cdot min^{-1})$	$D/(m \cdot s^{-1})$	损失率/%
1	41	220	490	0.80	5.76
2	41	253	560	1.00	2.96
3	41	295	660	1.25	2.21
4	46	220	560	1.25	4.70
5	46	253	660	0.80	7.06
6	46	295	490	1.00	8.64
7	53	220	660	1.00	22.05
8	53	253	490	1.25	5.28
9	53	295	560	0.80	7.97
K_{1j}	10.93	32.51	19.68	20.79	
K_{2j}	20.40	15.30	15.63	33.65	
K_{3j}	35.30	18.82	31.32	12.19	
R_j	24.37	17.21	15.69	21.46	

第 7 章 联合收割机脱粒分离技术

联合收割机作为农业生产装备的重要组成部分,极大地提高了农业生产效率和作业质量,大幅降低了农民的劳动强度和生产成本。但是,目前我国联合收割机存在机械故障率高、可靠性差等问题。其主要原因,一是由于联合收割机在田间作业时,驾驶员无法准确地判断田间的状况,因而不能及时对联合收割机工作状态做出调整,导致联合收割机负荷过大而引起工作部件堵塞等故障;二是联合收割机工作时的振动非常强烈,强烈的振动导致工作部件的可靠性严重下降。

脱粒滚筒是联合收割机的核心组成部分,也是堵塞故障高发区。因此,建立脱粒滚筒负荷监测系统,实现对其工作状态的实时监测,并在脱粒装置非正常工作状态下自动或及时提示操作人员采取相应的措施,对提高脱粒装置的运行效率和降低其故障发生率具有重要意义。联合收割机机架与振动激励接近时会产生剧烈的振动,为了减小振动并确保机架的强度,需要进行模态分析,远离振动激励频率以避开共振区。

针对上述问题,本章设计了联合收割机脱粒滚筒传动链张紧力测试装置和数据采集系统,用传动链张紧力反应滚筒负荷。通过田间试验,对传动链张紧力和滚筒转速进行了测量,并对比分析了其与喂入量之间的关系;对联合收割机的脱粒滚筒和机架进行了模态分析,得到前六阶固有频率和振型,确定了需要避开的振动频率范围,并在保证强度的情况下以总质量降低为目标对机架进行了拓扑优化。

7.1 联合收割机脱粒滚筒负荷建模与试验

7.1.1 测试系统构建

试验样机采用星光 4LL－2.0Y 稻麦油多功能联合收割机如图 7-1 所示,其技术指标见表 7-1。该机型为双滚筒结构,前滚筒为切流滚筒,后滚筒为横轴流滚筒。本节进行的张紧力测试和滚筒转速测试皆针对后滚筒。

图 7-1 试验样机

表 7-1 联合收割机主要技术指标参数

参数值		技术指标
配套动力/kW		55
动力输出轴转速/($r \cdot min^{-1}$)		0～2 600
割幅/m		2.0
喂入量/($kg \cdot s^{-1}$)		2.0
作业前进速度/($m \cdot s^{-1}$)		0～0.80,0～1.26
脱粒滚筒形式		横轴流双滚筒
外径/mm×长度/mm	前滚筒	ϕ540×650
	后滚筒	ϕ540×1 285

通过测试传动链张紧力求得滚筒扭矩,反应脱粒滚筒负载状况。图 7-2 为脱粒滚筒传动链张紧力测试装置。链轮紧边传递动力,松边的张紧只是为了防止链条脱落,对链传动的扭矩并无影响,所以将该测试装置安装在紧边。观察链条轨道的几何形状,测试装置左右两端的链条与测试装置轴的夹角相同,所以将测试装置安装在前后滚筒轴心连线的中点处。安装时通过调节紧固板 3 对链条施加一定的张紧力,当链条工作时,会产生垂直向上的作用力,经过张紧轮 2、U 形架 6、橡胶弹簧 5 作用到传感器 4 上,从而检测传动链张紧力的变化。

图 7-3 为信息采集系统原理示意图,速度传感器与压力传感器分别将采集到的滚筒转速、传动链张紧力等信号转换成电信号经过数据处理后输送到单片机,实时计算出滚筒转速和传动链张紧力,并将系统信息显示在屏幕上,同时通过串口通讯传输到上位机中,上位机对接收到的数据进行实时动态显示,经由报表实现数据的输出和保存。

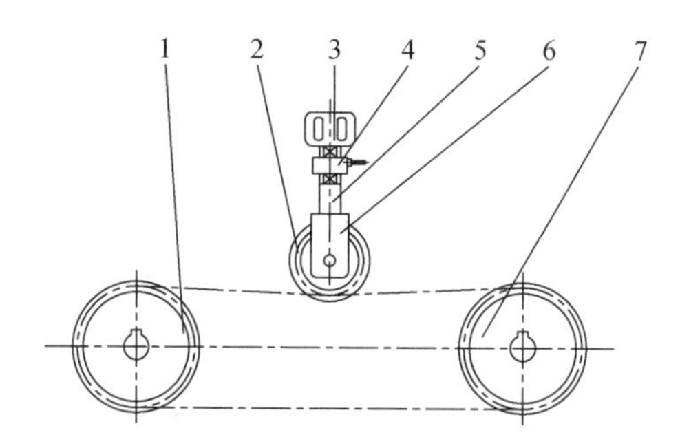

1—前滚筒链轮；2—张紧轮；3—紧固板；4—传感器；5—橡胶弹簧；6—U 形架；7—后滚筒链轮

图 7-2　脱粒滚筒传动链张紧力测试装置

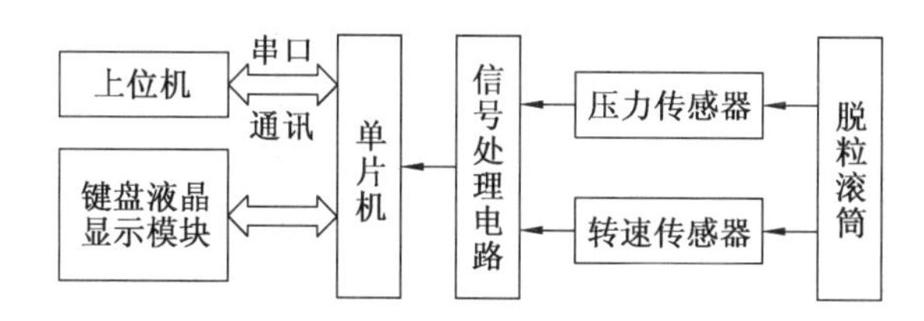

图 7-3　信息采集系统原理图

7.1.2　理论分析

如图 7-4 所示，假设传动链张紧力测试装置安装在两滚筒轴心连线的中点处，距两滚筒轴心距离均为 $L/2$，测试装置两端的链条与测试装置轴线的夹角均为 θ，则

$$F = 2T\cos\theta \tag{7-1}$$

式中：F——测试装置所受的压力，N；

T——传动链拉力，N。

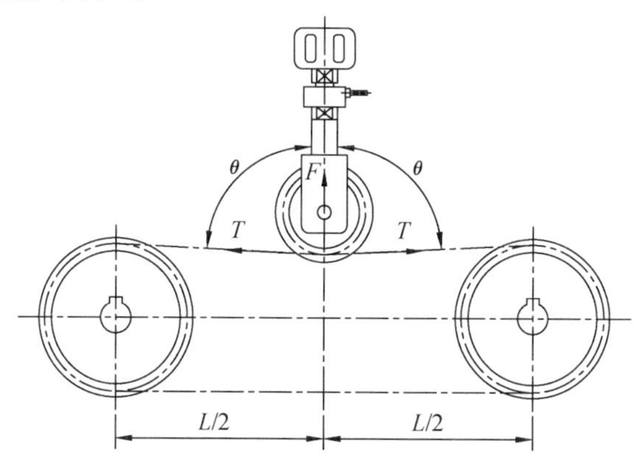

图 7-4　脱粒滚筒传动受力分析示意图

脱粒滚筒负载包括空转负载和脱粒工作负载两部分。空转功耗 P_k 主要来自于轴承摩擦力和旋转时的空气阻力，脱粒滚筒的空载功率与脱粒滚筒转速的关系为

$$P_k = A_r n + B_r n^3 \tag{7-2}$$

式中：n——脱粒滚筒转速，r/min；

A_r, B_r——系数。

脱粒滚筒空转所需扭矩 M_k 与滚筒转速的关系为

$$M_k = A_r + B_r n^2 \tag{7-3}$$

当脱粒滚筒进行脱粒作业时，假设作物连续均匀喂入，并且在脱粒空间内做定常连续流动，脱粒滚筒脱粒功耗可表示为

$$P_c = \xi \frac{qv^2}{1-f} \tag{7-4}$$

式中：q——谷物喂入量，kg/s；

v——脱粒滚筒圆周速度，m/s；

f——谷物通过脱粒间隙时综合揉搓摩擦系数；

ξ——修正系数。

脱粒滚筒脱粒作业所需扭矩 M_c 为

$$M_c = \xi \frac{qvR}{1-f} \tag{7-5}$$

式中：R——脱粒滚筒半径，m。

在谷物连续均匀喂入且脱粒滚筒在脱粒平衡状态时，根据力矩平衡条件可得

$$M_r - M_k - M_c = J \frac{d\omega}{dt} \tag{7-6}$$

式中：M_r——脱粒滚筒供给扭矩，N · m，$M_r = T_r$；

J——后脱粒滚筒转动惯量，kg · m^2；

r——链轮半径，m。

当脱粒滚筒在脱粒平衡状态时，结合以上公式，可得测试装置所受的压力 F 为

$$F = 2\frac{M_c + M_k + J\frac{d\omega}{dt}}{r}\cos\theta = 2\xi\frac{\omega R^2\cos\theta}{(1-f)r}q + 2\frac{A_r + B_r n^2 + J\frac{d\omega}{dt}}{r}\cos\theta \tag{7-7}$$

由式(7-7)可知，传动链张紧力 F 与喂入量 q 呈线性关系。

7.1.3 田间试验与结果分析

田间试验按照 GB 8097—87《谷物收获机械试验方法》和 GB/T 5262—2008《农业机械试验条件测定方法的一般规定》中的有关规定和要求进行。试验田选

择田面平整、长度足够，水稻长势均匀、成熟度一致的地块。测定区长 50 m，并留有足够的准备区和停车区，测量划区、立标杆。为研究不同喂入量时，传动链张紧力和滚筒转速的变化规律和趋势，在保持满幅和割茬不变的情况下，采用不同作业速度以获得不同喂入量试验。收割机在准备区达到预定的工作要求并稳定，匀速进入测试区，检测系统开始采集数据，同时人工收集籽粒和脱出物，用于计算喂入量等参数。试验分组进行，每组试验 3 次，试验中记录存储全部检测数据，每次试验需测定水稻的自然高度、割幅、割茬高度、谷草比等参数。

2012 年 11 月 6—7 日在浙江省湖州星光农机试验田进行了水稻收获试验。作物情况见表 7-2。每次试验结束后，数据采集系统对采集到的数据进行保存输出，并对试验情况进行测定记录。试验结束后进行数据处理，共得到 30 组田间试验样本。根据试验所获取的试验数据样本，建立喂入量与滚筒转速和传动链张紧力之间的关系，如图 7-5 所示。

表 7-2　田间调查记录

序号	项目	参数
1	作物品种	Y 两优 9918
2	种植方式	机插秧
3	作物成熟期	完熟期
4	产量/($kg \cdot hm^{-2}$)	11 412
5	作物自然高度/cm	86.85
6	单位面积种植株数/(株 · m^{-2})	488.4
7	谷草比	0.98
8	茎秆含水率/%	22.31
9	籽粒含水率/%	21.99

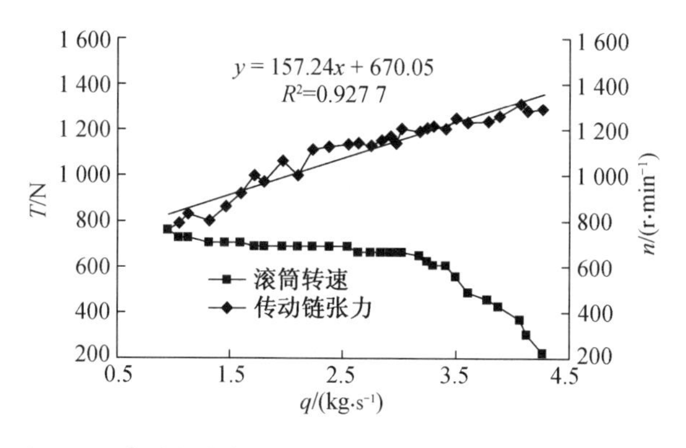

图 7-5　传动链张紧力 T、滚筒转速 n 与喂入量 q 关系图

根据图 7-5，喂入量在 3.0 kg/s 以内时，滚筒转速变化很小，喂入量大于 3.0 kg/s 后，滚筒转速明显下降。试验现场观测表明，滚筒转速在 550 ~ 600 r/min 时，物料在滚筒中开始堆积，如果不及时降低喂入量，滚筒将会堵塞；当滚筒转速下降至 550 r/min 以下时会发生堵塞。喂入量与张紧力之间的关系如图 7-5 所示，随着喂入量的增加，传动张紧力明显增大，并且近似线性变化，拟合方程为 $y = 157.24x + 670.05$，其决定系数 R^2 值为 0.928，所得的线性模型具有较高的准确性，与田间状况一致。联合收获机工作稳定、喂入均匀时，传动链张紧力与喂入量呈线性关系，与式(7-7)的计算结果一致。选择喂入量为 1.45，2.11，3.25 kg/s 3 种工况分别代表喂入量偏少、喂入量适中和喂入量偏大。用此 3 种工况下试验数据生成不同喂入量下滚筒转速、传动链张紧力变化曲线，如图 7-6 所示。

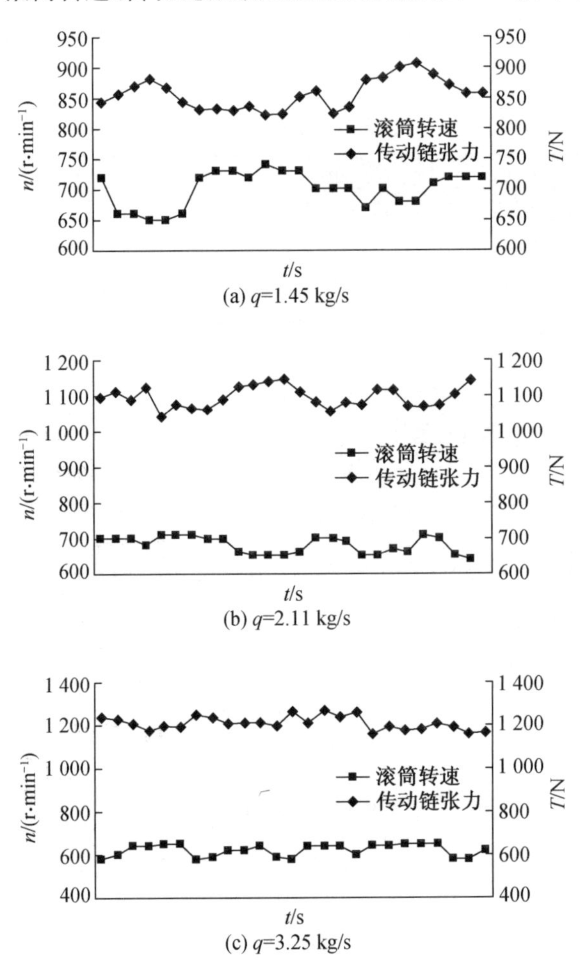

图 7-6　不同喂入量下滚筒转速、传动链张紧力变化曲线

根据图7-6，提高张紧力时，滚筒转速有所下降，反之，降低张紧力，滚筒转速上升，与理论分析一致。在同一工况下，联合收割机在长势均匀的田间作业时，滚筒转速、张紧力在一定范围内变化，说明脱粒滚筒负荷在不断地变化，所以实际喂入量也不均匀。

7.2　联合收割机脱粒滚筒有限元模态分析与试验

联合收割机在工作时噪声高、振动强烈。联合收割机的主要工作部件在工作时都会产生较大的振动。近年来，有关联合收获机动力学分析和振动控制的研究已开始受到国内外学者的广泛关注。其中，联合收获机脱粒装置的振动主要来源于脱粒滚筒。脱粒滚筒可以近似看作轴对称结构，由于安装误差和工作负载会产生轴的不对中，在高速旋转时产生弯曲振动和更为复杂的弯扭耦合振动。除了增加材料刚度，减小形变，提高装配精度之外，在进行脱粒滚筒设计时，应考虑其自身振动的固有频率。在设计完成后，进行模态分析，检验是否与激励频率接近，确定危险转速的范围，减小脱粒滚筒的工作振动。

7.2.1　脱粒滚筒有限元模态分析

考虑到在实际应用中低阶模态的影响较大，高阶模态固有频率较高，实际使用中产生的影响较小，所以在完成模态分析的前处理后，设定求解脱粒滚筒前6阶模态的频率和振型。根据脱粒滚筒的实际工作情况，在两端的轴承处施加圆柱约束，只保留绕中轴旋转的自由度，其他方向的自由度均被约束。各阶频率和振型的计算结果见表7-3，振型云图如图7-7所示。

表7-3　前6阶模态计算结果

阶数	频率/Hz	振型特征
1	63.83	钉齿杆 *OY* 方向的弯曲振动
2	78.60	钉齿杆 *OX* 方向的弯曲振动
3	95.78	钉齿杆和幅盘绕 *OZ* 轴的扭转振动
4	116.25	钉齿杆 *OZ* 方向的横向振动
5	134.85	滚筒中轴 *OX* 方向的弯曲振动
6	158.94	钉齿杆沿幅盘切向的弯曲振动

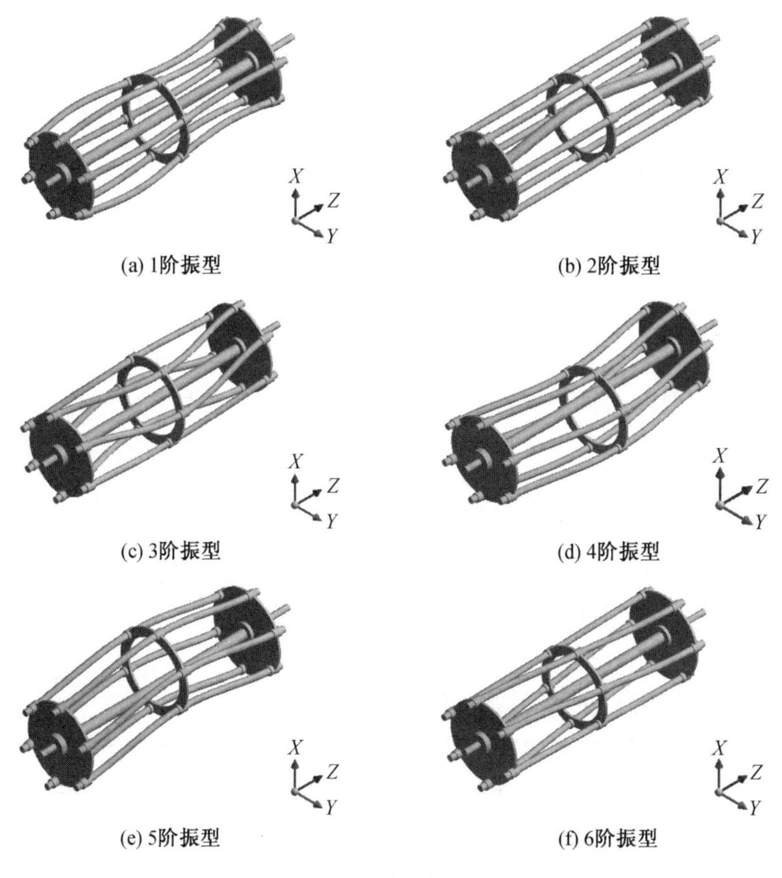

图 7-7　振型云图

7.2.2　脱粒滚筒模态试验

本次试验采用悬挂法，将脱粒滚筒用弹性绳悬挂起来。在选择测试点时，为了避开节点，先任选几点进行试敲击，分析响应中的频率成分，并结合有限元模态分析的结果，选取钉齿杆和幅盘连接的地方作为测点，测点分布如图 7-8 所示。试验仪器主要包括 DH5922N 动态信号测试分析系统、5 kN 力锤、DH5857－1 电荷适调器、DH311 加速度传感器、数据线、弹性绳等。试验时将加速度传感器和力传感器通过电荷适调器与仪器相连，通过 USB3. 0 通讯线将电脑与仪器相连接。将软件与仪器连接后，设置仪器基本参数。在软件中建立脱粒滚筒模型，如图 7-9 所示。在建模过程中使用圆柱坐标系。设置频响参数后，通过锤击法进行模态试验。

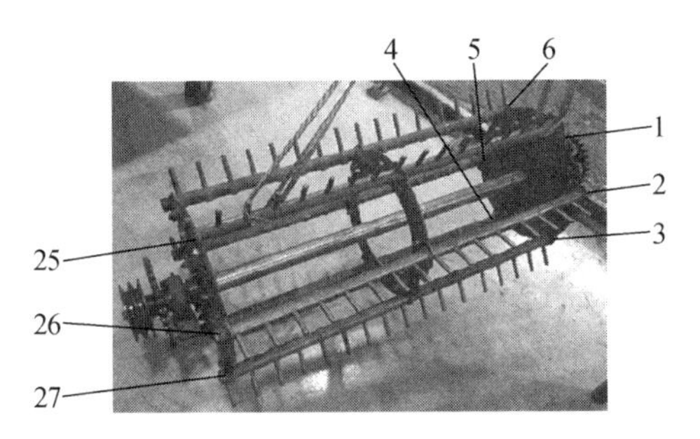

图 7-8　测点分布

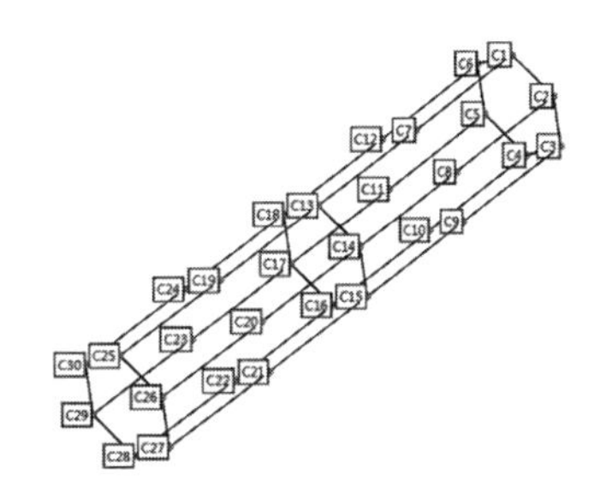

图 7-9　模型结构图

将信号分析系统中所测得的频响信号导入对应的模态分析软件中，可得脱粒滚筒的前 6 阶振动频率阻尼比，见表 7-4，振型如图 7-10 所示。

表 7-4　前 6 阶试验模态

阶数	频率/Hz	阻尼比
1	66.11	2.063
2	75.93	0.124
3	94.86	0.182
4	117.42	0.144
5	132.70	0.321
6	151.94	0.459

模态有限分析与模态试验的误差对比见表 7-5，最大相对误差为 4.6%，振型一致。排除建模时忽略的部分，模型较为规则，有限元分析结果与模态试验分析结果接近，所建模型较为准确。

表 7-5　模态有限分析与模态试验的误差对比

阶数	有限元分析		试验分析		误差	
	频率/Hz	振型	频率/Hz	振型	频率/%	振型
1	63.83	钉齿杆弯振	66.11	钉齿杆弯振	-3.45	一致
2	78.60	钉齿杆弯振	75.93	钉齿杆弯振	3.51	一致
3	95.78	整体扭振	94.86	整体扭振	0.97	一致
4	116.25	钉齿杆横振	117.42	钉齿杆横振	0.99	一致
5	134.85	中轴弯振	132.70	钉齿杆无振动	1.62	一致
6	158.94	钉齿杆弯振	151.94	钉齿杆弯振	4.60	一致

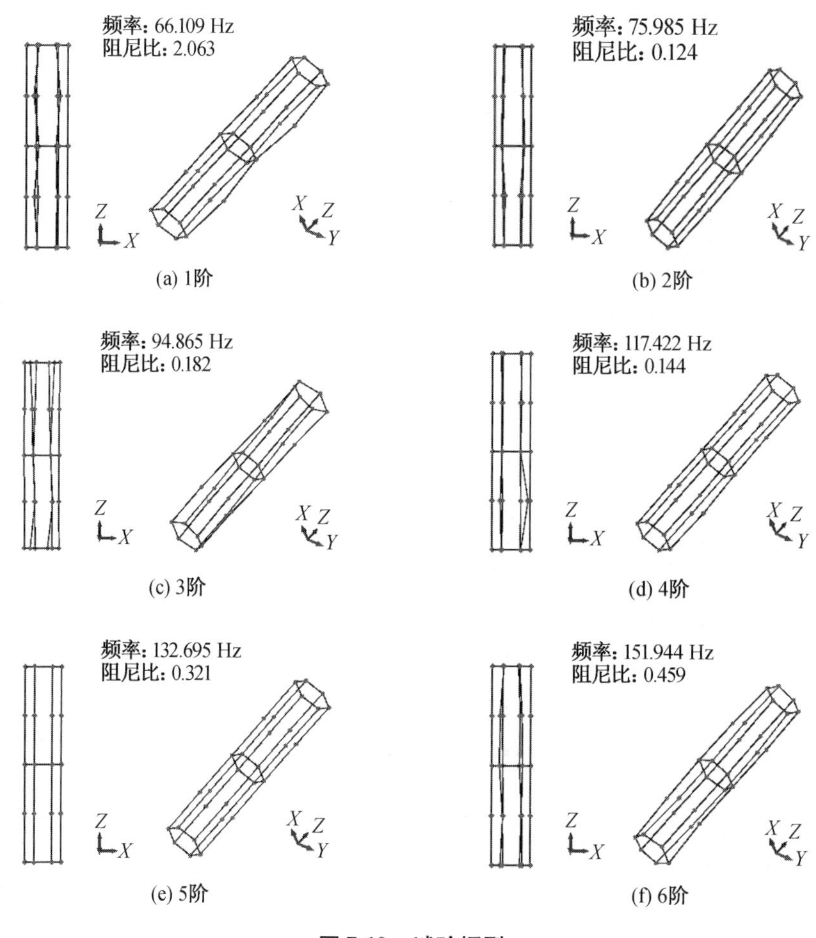

图 7-10 试验振型

前 6 阶振型的频率分布在 63. 83 ~ 158. 94 Hz，固有频率较高。联合收获机工作时主要振源的激励频率为：地面 3 Hz，发动机 38. 3 ~ 41. 7 Hz，割刀 7 ~ 8 Hz，振动筛 5 Hz。此型号的脱粒滚筒均避开了共振区域。振型上，除第 5 阶振动为中轴的振动之外，其余各阶均为钉齿杆和幅盘的振动，且在连接处振幅最大，所以在设计过程中，需加强钉齿杆和幅盘连接处的强度，减小由于振动造成破坏失效的可能。

7.3 联合收割机机架优化设计

联合收割机机架是脱粒滚筒、振动筛、风扇、传动系统的安装基体，并承受其传递的载荷，工作过程中在各部件的激励作用下，会使得机架产生复杂的振动，当这些激振频率和机架的低阶固有频率相同时，会产生共振现象，影响机器的作业效果,产生较大的弯曲、扭转等变形,造成机架的疲劳破坏或断裂。本节对现有的谷物联合收割机进行了静力学分析和模态分析,分析其固有频率和振型及位移云图,预估结构的振动特性,确保机架具有足够的强度、刚度并避免共振,通过对车架应力及变形图的分析,找到了变形最大处和应力集中处,运用拓扑优化方法对机架进行轻量化设计,为联合收割机机架的设计提供了参考。

7.3.1　联合收割机机架静力学分析

联合收割机机架由冷轧弯矩形空心钢制成的横、纵梁焊接而成,材质是 Q235A 钢,泊松比 $\mu=0.288$,弹性模量 $E=212$ GPa,屈服强度 $\sigma_s=235$ MPa。其三维模型如图 7-11 所示,进行有限元网格划分后共有 3 439 451 个节点,1 157 085 个单元体。

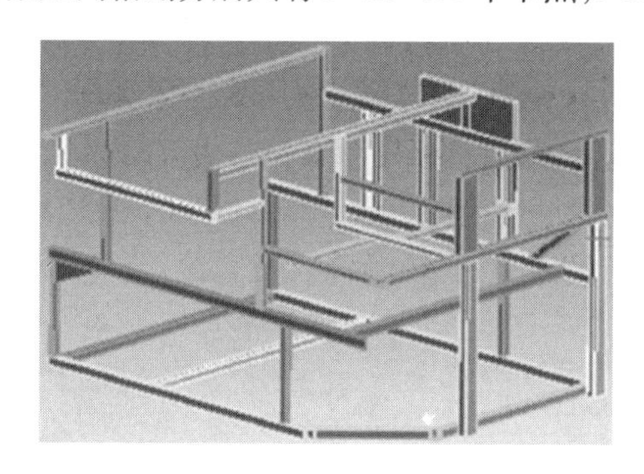

图 7-11　脱粒机机架三维模型

为使有限元数值解存在且唯一,必须引入边界条件以消除机架结构的位移,保证机架结构总刚度矩阵非奇异。脱粒机机架底部用螺栓与收割机底盘固定在一起,可采用固定约束(Fixed Support)限制其运动。机架上主要的安装部件有脱粒滚筒、脱粒滚筒盖、清选风机、振动筛、传动轴。各部件通过轴承座和螺栓与机架连接,各个部件的重力可按照静力等效原则以均布载荷的形式施加在各个连接处,各装置的质量见表 7-6。

表 7-6　谷物联合收割机脱粒装置各部件质量

装置	前脱粒滚筒	后脱粒滚筒	前滚筒盖	后滚筒盖	振动筛	风机	传动轴
质量/kg	40.6	57.9	15.8	34.0	80.0	29.6	13.0

此外,还应考虑各传动系统通过齿链传动作用在机架上的力。发动机的动力分配为:行走装置占 42%,割台装置占 12%,脱粒装置占 28%,分离和清选装置占 14%,液压油泵占 4%。经计算,2 个传动链轮作用在轴上的力分别为 $F_1=1\ 947$ N,$F_2=1\ 955$ N,输送槽与前滚筒之间对轴的作用力 $F_3=1\ 320$ N,清选风机处对轴的

作用力 $F_4 = 632$ N,振动筛处对轴的作用力 $F_5 = 1\ 562$ N。

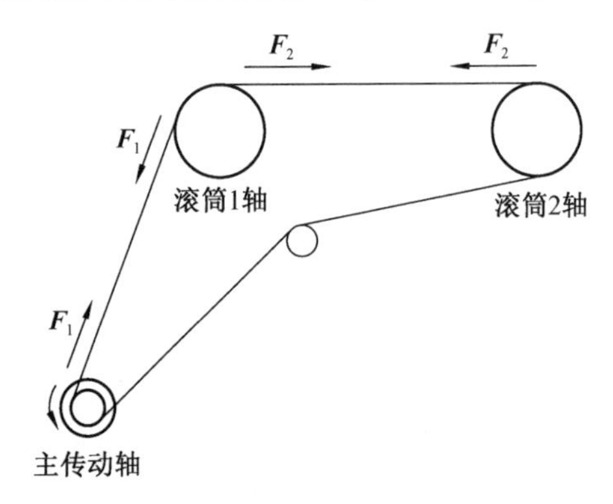

图 7-12　动力传递路线

各边界条件加载完成后的静力学仿真应力云图如图 7-13 所示,最大应力为 167.58 MPa,位于振动筛安装处两根支撑竖梁与底部横梁的连接处;总应变云图如图 7-14 所示所示,最大变形量为 0.780 5 mm,位于后脱粒滚筒安装处的后横梁与排草口纵梁的连接处。最大应力与最大应变处都是焊接时需要特别注意的位置。

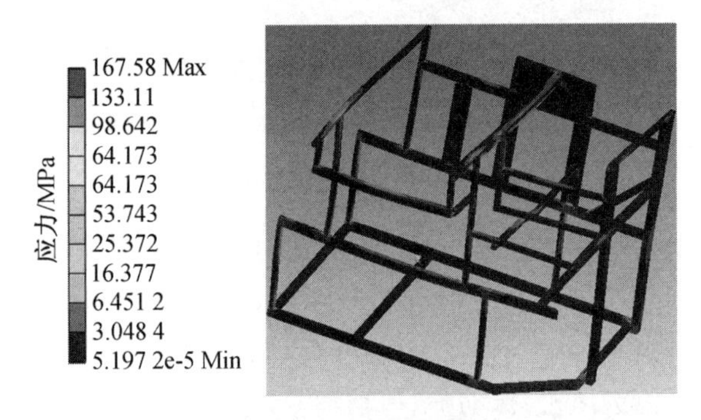

图 7-13　应力云图

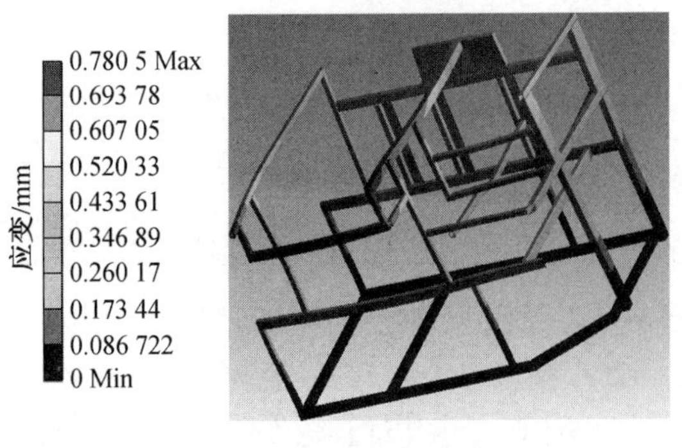

图 7-14　应变云图

7.3.2　联合收割机机架优化拓扑设计

最优化设计理论和方法在机械设计中得到了广泛的运用和深入的研究。拓扑优化设计是一种根据给定的负载情况、约束条件和性能指标,在给定的区域内对材料分布进行优化的数学方法。通过优化设计方法可以得到满足约束条件又使目标函数最优的结构布局形式及构件尺寸。拓扑优化设计所需的初始约束条件要求更简单,设计者只需要明确设计域,不需要知道具体的结构拓扑形态,它将整个结构体上的质量分布函数作为优化参数(自动将 CAE 模型中每个单元的密度作为设计变量),其优化目标是在满足所有给定的约束条件下,根据算法确定设计空间内单元的去留,保留下来的单元即构成最终的拓扑方案,从而实现拓扑优化。其数学模型可表示为

$$\min F(x)=F(x_1,x_2,\cdots,x_n)$$
$$g_i(X)=g_i(x_1,x_2,\cdots,x_n),(i=1,2,\cdots,M)$$
$$X=(x_1,x_2,\cdots,x_n)^{\mathrm{T}}$$

其中:$F(x)$为设计变量的目标函数;X 为设计变量;$g_i(X)$为状态变量。优化结果的取得就是通过改变设计变量的数值实现的。设置优化目标为 20%,进行求解运算,所得到的优化结果如图 7-15 所示,深色部分显示的是可以移除的部分。由图可知,可移除的结构主要集中在与底盘机架连接的部位及应力较小的部位,但在机架的实际设计中还要考虑应力分布问题、结构稳定性问题,这些深色区域并不一定要全部移除。这些可移除部件的特点是变形量小,强度富余量大。经过优化后机架的应变、应力并没有提升,但质量减少了 20%,可将底部两根横梁移除,从而节省材料,提升产品的经济性。

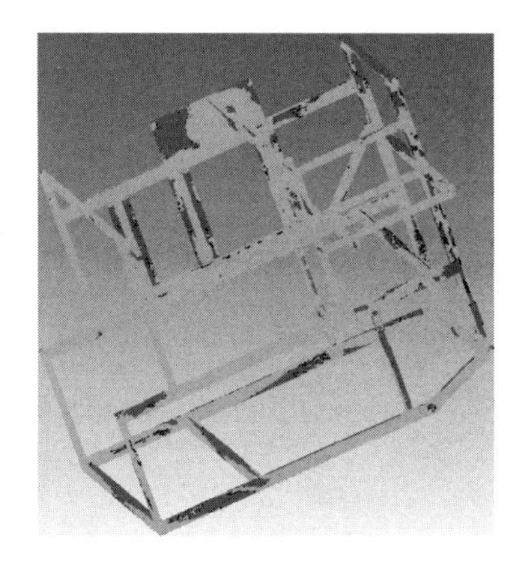

图 7-15　拓扑优化结果

7.3.3 联合收割机机架模态分析

低阶振动对结构的动态影响较大且决定结构的动态特性,这里分析机架的前6阶模态。运用有限元软件进行求解后得到机架前6阶的固有频率与各阶振型,见表7-7。各阶振型云图如图7-16所示。

表7-7 模态分析结果

序号	频率/Hz	最大变形量/mm	最大变形处
1	15.628	9.448 7	后上横梁与排草口右前纵梁连接处
2	23.499	7.951 6	后上横梁与排草口右前纵梁连接处及中间横梁
3	32.074	6.700 9	后上横梁与排草口右前纵梁连接处及滚筒左中立板处
4	39.471	6.756 7	后上横梁与排草口右前纵梁连、左后竖梁连接处
5	45.671	10.246 0	右中纵梁与右后竖梁连接处
6	51.877	12.060 0	后上横梁

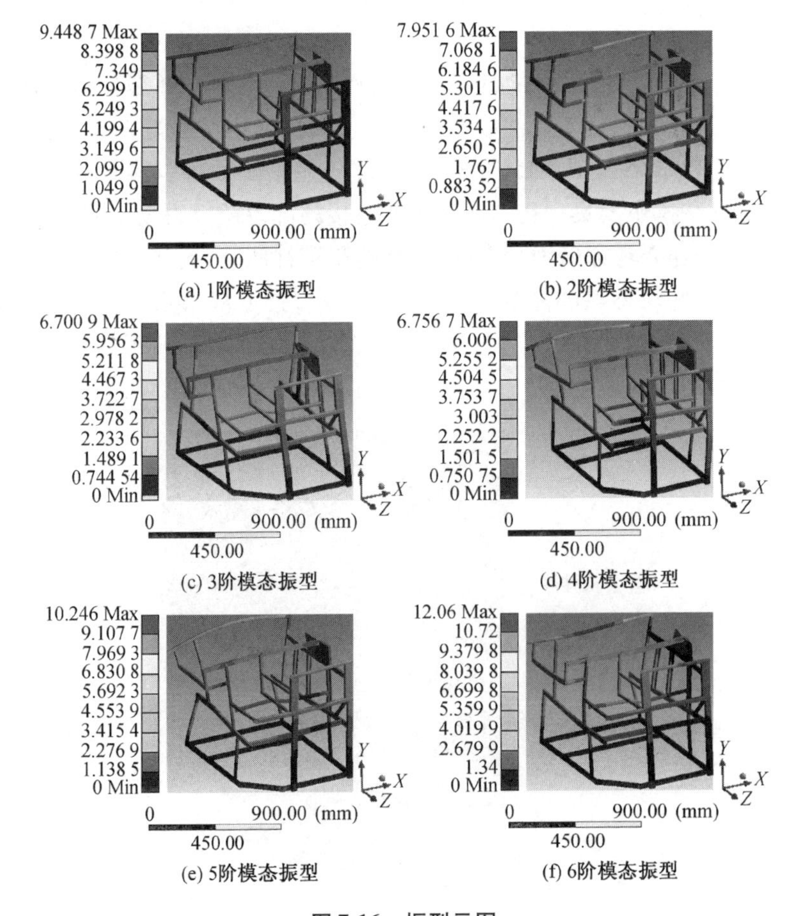

(a) 1阶模态振型
(b) 2阶模态振型
(c) 3阶模态振型
(d) 4阶模态振型
(e) 5阶模态振型
(f) 6阶模态振型

图7-16 振型云图

从振型图可以得出：第 1 阶振型是机架后上横梁和机架上部沿轴线的横向偏移；第 2 阶振型是右前纵梁和 2 个上横梁沿 z 轴方向的偏移；第 3，4 阶振型是机架上部的弯曲和扭转变形的组合；第 5 阶振型是机架下部向内的扭转变形与机架上部向上的弯曲变形；第 6 阶振型是机架上横梁向内的弯曲与扭转变形，以及机架下部两侧向内的弯曲变形。最大变形处在后脱粒滚筒右侧安装处和排草口连接的部位及机架下横梁处。机架的动态设计要求机架结构的固有频率避开外部载荷的激振频率，以免共振的产生。联合收获机工作时主要振源的激励频率为：地面 3 Hz，发动机 38.3 ~ 41.7 Hz，割刀 7 ~ 8 Hz。发动机的振动激励频率范围与机架的第 4 阶固有频率重合，会引起较强烈的振动，需要进行改进。

采用东华公司的 DH5922 信号测试分析系统进行模态试验，检验有限元模态分析结果。采用单点激励多点响应的方式获取频响函数，根据有限元模态分析结果，布置测点 128 个，箭头处为力锤激励点，如图 7-17 所示。

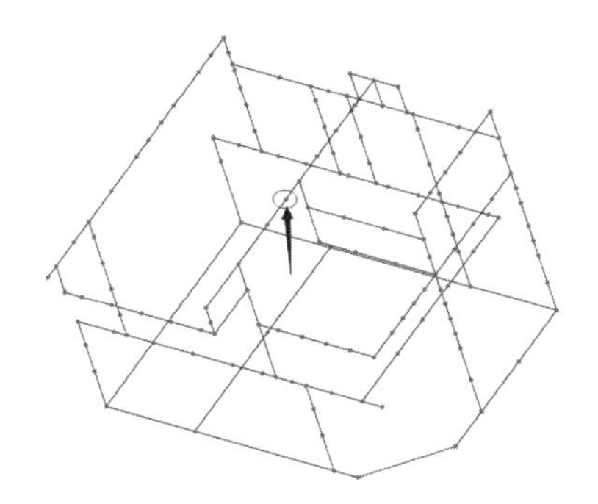

图 7-17　测点布置

采用导纳元法求解机架的模态参数，在所需关注的 10 ~ 60 Hz 内提取各阶模态，各阶频率和阻尼比见表 7-8。

表 7-8　模态试验频率

模态阶数	固有频率/Hz	阻尼比/%
1	14.528	1.294
2	26.890	0.697
3	29.801	0.345
4	38.925	0.297
5	42.713	0.211
6	48.256	0.145
7	52.439	0.112

各阶模态振型如图 7-18 所示。与有限元分析结果对比见表 7-9。

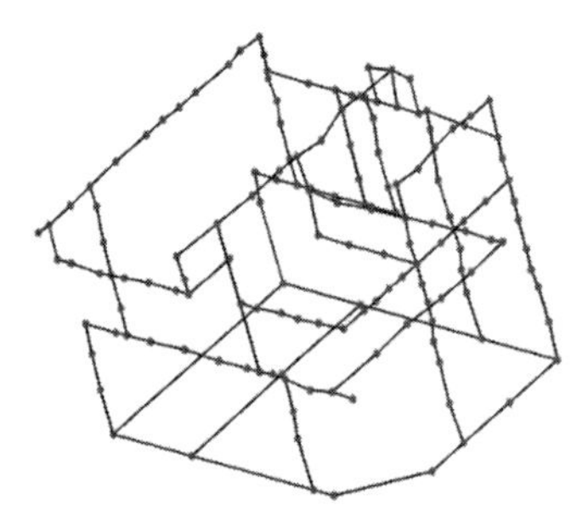

(a) 1阶模态振型

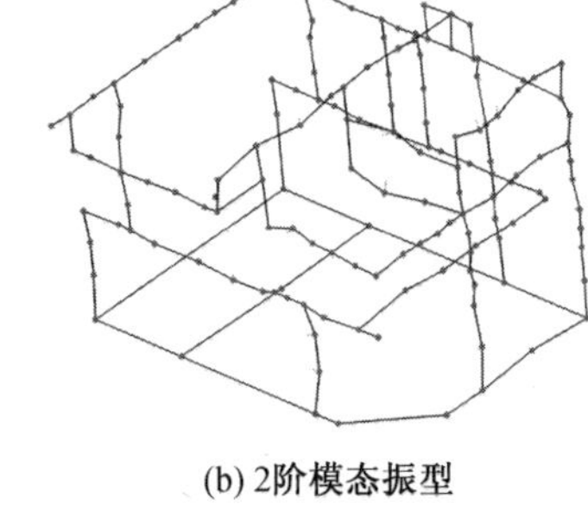

(b) 2阶模态振型

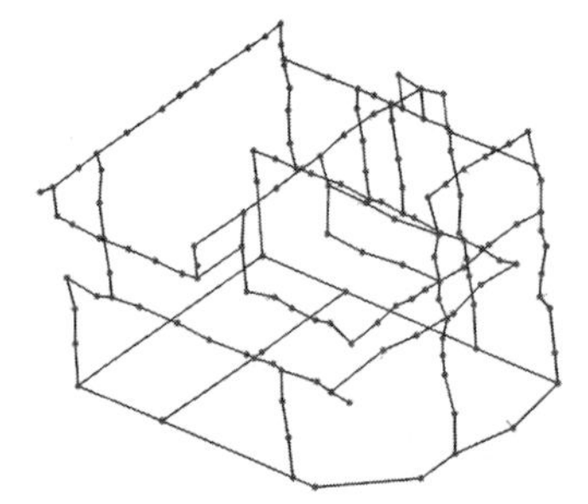

(c) 3阶模态振型

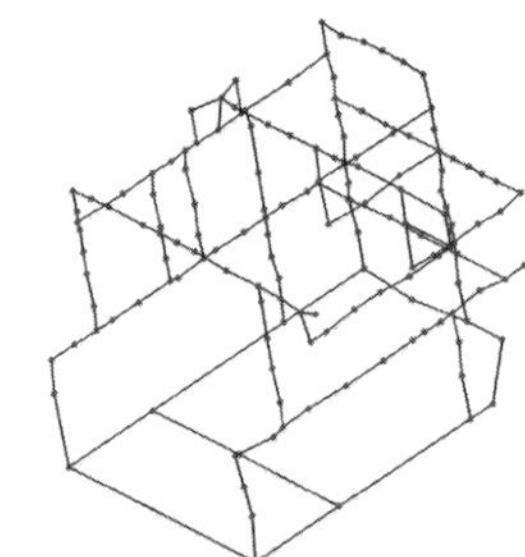

(d) 4阶模态振型

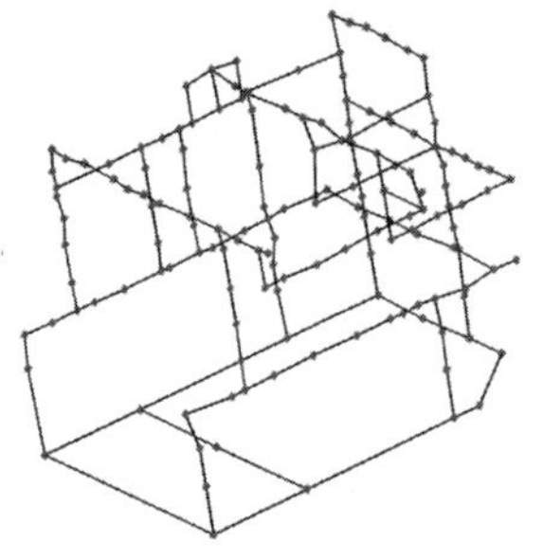

(e) 5阶模态振型

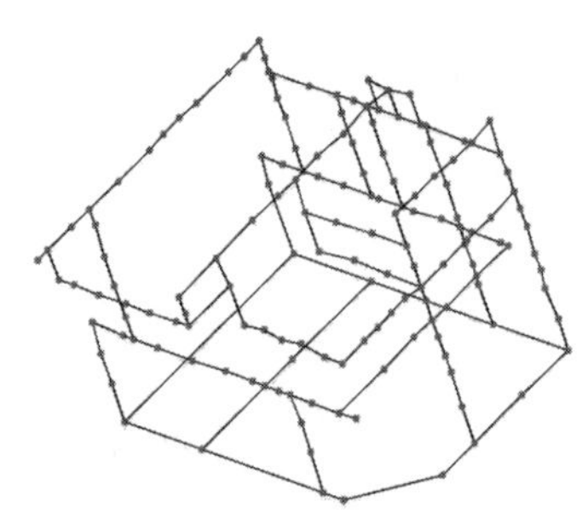

(f) 6阶模态振型

图 7-18　试验模态振型图

表 7-9　与有限元分析结果对比

阶数	固有频率/Hz			误差/%
	有限元分析	模态试验	差值	
1	15.628	14.528	1.100	7.03
2	23.499	25.111	-1.612	6.80
3	32.074	29.801	2.273	7.08
4	39.471	38.925	0.546	1.38
5	45.671	42.713	2.958	6.74
6	51.877	52.439	-0.562	1.08

由结果对比可以看出,有限元分析与模态试验得到的结果在第3阶时误差率最大为7.08%,低于8%,可认为2种分析方法得到的各阶固有频率具有很高的一致性,有限元模型正确可靠。

第 8 章　联合收割机风筛选式清选技术

清选装置是联合收获机的核心工作部件,其工作性能的优劣将直接决定整个联合收获机作业质量的高低。目前,国内绝大多数联合收获机采用的是风机和清选筛的复合清选模式,在进行油菜收获作业时仍存在一些问题,如油菜含水率较高,自身黏性容易造成筛孔堵塞,损失率增加;在较大的喂入量下,清选效率、含杂率、损失率之间的平衡取舍等。风筛选式清选是一个极为复杂的力学过程,其结果由诸多因素决定,仅靠试验的方法很难得到较为理想的结果。而计算机仿真模拟分析不受天气、时间及田间试验条件等诸多限制,作业参数更改简单快捷,能够迅速反映由于参数变化带来的对清选作业效果的影响。因此,利用计算机和先进的运算方法研究不同结构清选室气流场的分布情况及探寻物料颗粒在整个清选过程中的运动规律,根据仿真结果指导试验,从而提高清选装置的作业效率及作业可靠性,以达到减损增收的目的,是改进联合收获机风筛选式清选结构的一种新的思路和方法。

8.1　基于 CFD－DEM 的联合收割机风筛选仿真分析

联合收割机风筛选过程中存在大量的动量交换,由于流体自身的变化,颗粒之间的碰撞及流体与颗粒的相互影响所形成的耦合作用,使得整个系统更加复杂。传统 CFD 软件中的气固两相流模型已不能完全适用,一种全新的仿真方法,即 CFD－DEM 耦合分析方法已逐渐被采用,其可靠性也被广泛认可。CFD－DEM 耦合计算方法的本质在于将流体相与颗粒相分开求解,流体相仍以连续介质进行建模,采用 CFD 方法求解计算,将颗粒相按离散体系处理,采用离散单元法求解颗粒运动;然后,再将二者的结果通过质量、动量及能量交换,实现耦合作用。这种计算方法可以追踪固相颗粒的复杂运动过程,捕获颗粒受力与动量、位置变化信息,准确反映颗粒与颗粒及颗粒与流体之间的相互作用。

8.1.1　理论基础与物料模型

(1) 流体动力学控制方程与颗粒接触碰撞模型

用于农业物料清选的气流流动一般都是湍流流动,清选室内气流压缩率较小,其压缩性可忽略不计,因此将其近似为具有液体性质的流体介质,以不可压缩流体

模型进行模拟计算。一般认为,经过 Reynolds 均化处理后的流体控制连续方程和动量方程为

$$\frac{\partial \rho}{\partial t}+\frac{\partial}{\partial x_i}(\rho u_i)=0 \tag{8-1}$$

$$\frac{\partial}{\partial t}(\rho u_i)+\frac{\partial}{\partial x_j}(\rho u_i u_j)=-\frac{\partial p}{\partial x_i}+\frac{\partial}{\partial x_j}\left(\mu\frac{\partial u_i}{\partial x_j}-\rho\overline{u'_i u'_j}\right)+S_i \tag{8-2}$$

式中:$-\rho\overline{u'_i u'_j}$是 Reynolds 应力项,即 $-\rho\overline{u'_i u'_j}=\tau_{ij}$。

由于引入了 $-\rho\overline{u'_i u'_j}$这一应力项,若要使方程组封闭,则必须建立应力表达式或引入湍流模型。

离散单元法所模拟的是整个颗粒系统中的运动传播过程,颗粒之间、颗粒与壁面之间的接触碰撞是颗粒运动的必然结果。理解离散单元法的接触模型,有助于更好地分析颗粒间的力学行为。对于仿真对象的不同需要采用不同的接触模型,这里采用 Hertz-Mindlin 无滑移模型,接触模型如图 8-1 所示。

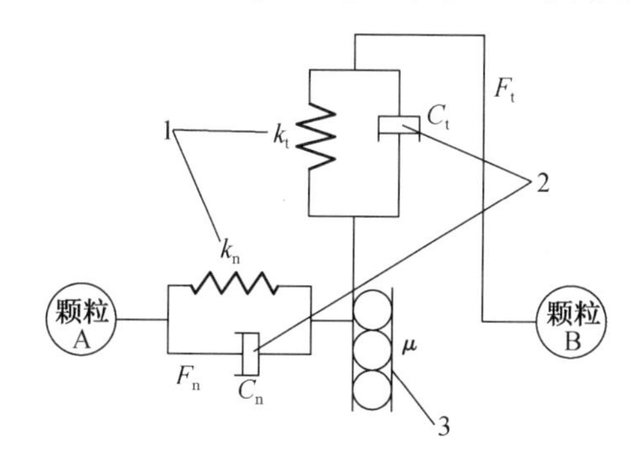

1—颗粒刚度(弹簧); 2—阻尼器; 3—摩擦器

图 8-1　接触模型

颗粒间法向力为

$$F_n=\frac{4}{3}E^*\sqrt{R^*}\delta_n^{\frac{3}{2}} \tag{8-3}$$

颗粒间法向阻尼力为

$$F_n^d=-2\sqrt{\frac{5}{6}}\beta\sqrt{S_n m^*}v_n^{rel} \tag{8-4}$$

颗粒间切向力为

$$F_t=-S_t\delta_t \tag{8-5}$$

颗粒间切向阻尼力为

$$F_t^n=-2\sqrt{\frac{5}{6}}\beta\sqrt{S_t m^*}v_t^{rel} \tag{8-6}$$

式中：R^*——等效半径；

E^*——等效弹性模量；

$S_n = 2E^* \sqrt{R^* \delta_n}$——法向刚度；

$S_t = 8G^* \sqrt{R^* \delta_t}$——切向刚度；

G^*——等效剪切模量；

m^*——等效质量；

v_t^{rel}——切向相对速度；

v_n^{rel}——相对速度法向分量值。

$$\beta = \frac{\ln e}{\sqrt{\ln^2 e + \pi^2}}$$

式中：e——恢复系数。

(2) 清选室及物料几何模型

本书中的清选室三维模型以江苏泰州常发锋凌农装公司的4LZ－2联合收割机清选室为原型，该清选室采用单进风口结构。在合理简化、保留主要工作部件的基础上，利用Pro/E软件进行三维建模，如图8-2所示。清选室长度855 mm（X方向），宽度160 mm、高度490 mm，抖动板左端部距离清选室左侧壁100 mm（X方向），振动筛采用编织筛，筛长500 mm、宽度160 mm、孔为10 mm×10 mm，开孔率78.5%，振动筛左端部距离清选室左侧壁320 mm（X方向），清选室进风口倾角20°。

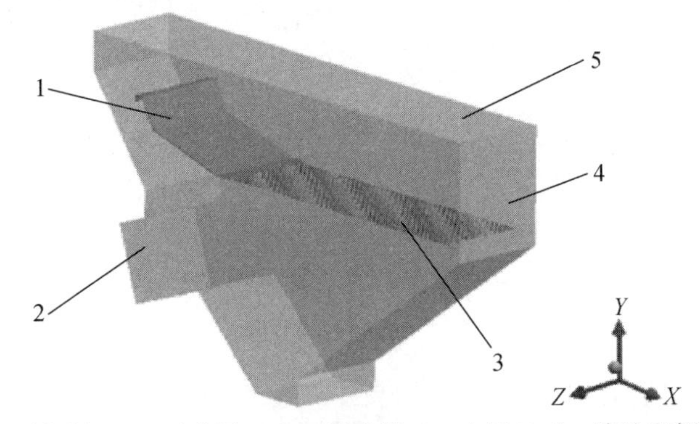

1—抖动板；2—下进风口；3—振动筛；4—出风口；5—清选室侧壁

图8-2 清选室三维模型

在EDEM中模拟的物料对象也需要进行模型化，由脱粒滚筒进入清选室的物料群内含有多种成分，包括水稻籽粒、短茎秆、长草及其他杂质。受限于计算机的处理能力及EDEM软件本身建模的缺陷，本书中的仿真模拟仅以成分含量最高的籽粒和短茎秆为研究对象。由于EDEM中的颗粒均采用球形，所以建立水稻籽粒及短茎秆模型需要使用多个球形颗粒进行重叠组合填充以达到符合真实外形的要求,如图8-3所示。其中籽粒为椭球形,长轴6.5 mm,短轴3.0 mm;短茎秆为长圆柱形,外径4.5 mm,内径4.0 mm,长度为25 mm。

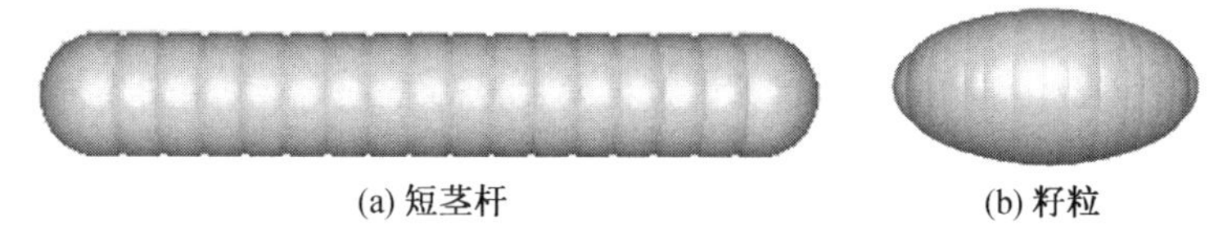

(a) 短茎秆　　(b) 籽粒

图8-3　短茎秆和籽粒模型

EDEM中需要输入物料颗粒的力学特性参数及和其他物体的接触系数,根据其他学者所做的试验结果,物料力学特性及接触系数见表8-1和表8-2。

表8-1　物料力学参数

物料	泊松比	剪切模量/Pa	密度/($kg \cdot m^{-3}$)
籽粒	0.3	2.6×10^6	1 380
短茎秆	0.4	1.0×10^6	100
振动筛	0.3	7.0×10^8	7 800

表8-2　接触系数

物料接触	恢复系数	静摩擦系数	滚动摩擦系数
籽粒-籽粒	0.2	1.0	0.01
籽粒-短茎秆	0.2	0.8	0.01
籽粒-振动筛	0.5	0.7	0.01
短茎秆-短茎秆	0.2	0.7	0.01
短茎秆-振动筛	0.2	0.8	0.01

(3) 物料力学特性及仿真参数设置

EDEM中振动筛振动方向角25°,振幅3 mm,振动频率6 Hz;颗粒工厂(EDEM软件中用于产生颗粒的多边形虚拟区域)位于抖动板上方200 mm处,距离清选室左侧壁150 mm,颗粒工厂同时产生水稻籽粒与短茎秆两种物料,产生方式均为动态,综合考虑脱出物中籽粒与短茎秆成分比重及计算机的处理能力,设定籽粒产生速率为2 000个/s,短茎秆产生速率为400个/s,颗粒动态产生时间为1 s,即生成的水稻籽粒总数为2 000个,短茎秆数量400个。时间步长的设定既不能过小也不可过大,太小的时间步长会增加仿真总时间,降低模拟效率,而太大的时间步长会使得颗粒之间的接触碰撞过程变得不稳定。综合考虑二者,将时间步长设为雷利时间步的20%,即10^{-5} s。

由于清选过程中的空气并未被压缩,流体流动的物理量不随时间改变,因此在 Fluent 中选择基于压力算法的求解器。涡粘模型选择标准 $k-\varepsilon$ 模型,采用标准壁面函数法来配合标准 $k-\varepsilon$ 模型,以弥补在近壁面区域内湍流发展不充分,不适合使用标准 $k-\varepsilon$ 模型进行计算的缺陷。将工作环境设置为 1 个标准大气压,进风口采用 velocity inlet(速度入口边界条件),速度为 9 m/s;湍流定义方法采用湍动黏度与水力直径,根据水力直径的计算公式,其值等于 4 倍截面通流面积与湿周的比值;在气体流动中,湿周即为通流截面的周长,由此计算得出水力直径 $HD = 140$ mm,进一步计算得到湍动黏度 $TI = 3.81\%$。流场求解方法采用广泛使用的 SIMPLE (Semi-Implicit Method for Pressure-Linked Equations)算法,即压力耦合方程组半隐式算法,离散格式在综合考虑求解的稳定性和精度后采用二阶迎风格式,时间步长按经验取为 EDEM 时间步长的 50 倍,即 5×10^{-4} s。

8.1.2 清选室气流场耦合仿真及结果分析

(1) 单进风口清选室气流场模拟分析

气流场速度分布云图及速度矢量图如图 8-4 所示。

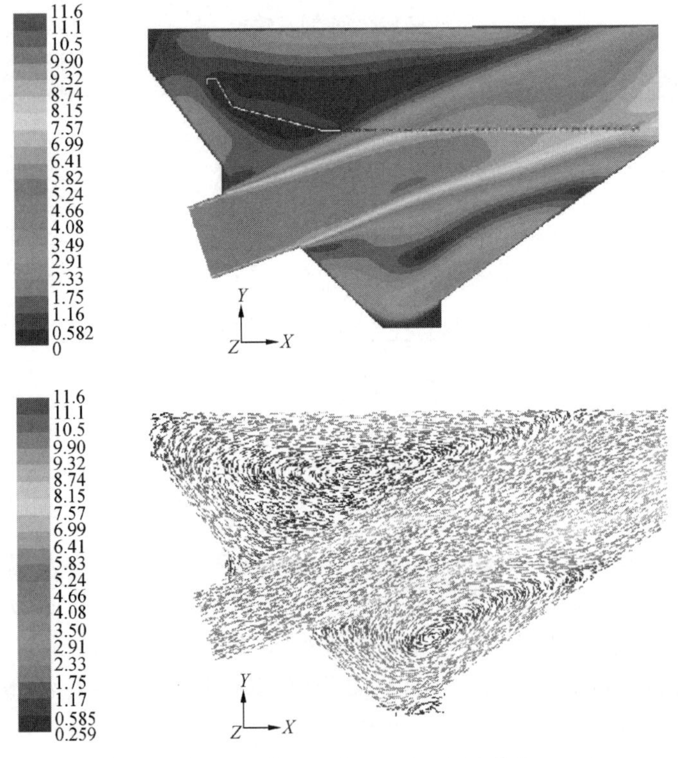

图 8-4 气流场速度云图及速度矢量图(单位:m/s)

在 EDEM 中分别设置统计区域用以统计损失的籽粒个数和落在籽粒收集区域的短茎秆质量,位置分别位于筛尾及清选室底部,如图 8-5 所示。

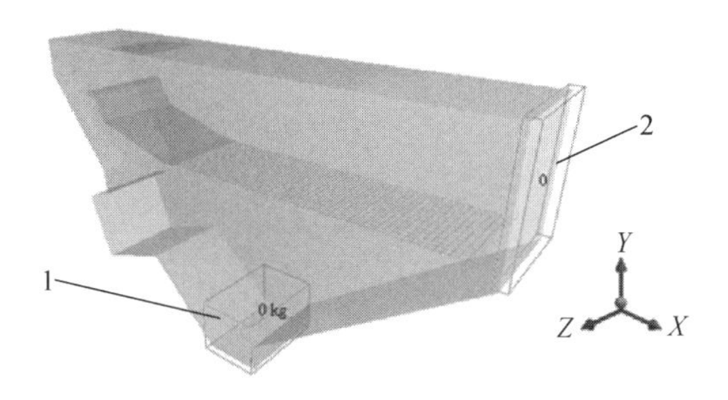

1—质量统计区域;2—损失籽粒统计区域

图 8-5　损失及含杂统计区域

从清选开始到结束,透过振动筛且未被气流吹出机外的短茎秆会与籽粒混杂在清选室底部的籽粒收集区域,该区域可以分别统计短茎秆及籽粒的质量,短茎秆质量和该区域内所有物料总质量的比值为清选含杂率。在清选过程中,如果有籽粒通过损失统计区域则将其计数,在清选过程结束后以该区域统计的籽粒个数为损失总数,该值与颗粒工厂生成籽粒总数之比即为清选损失率。

如图 8-6 所示,单进风口结构清选室在 $t = 2.6$ s 时基本完成清选过程。统计区域结果显示,通过籽粒损失统计区域的颗粒个数为 89 个,与籽粒生成总数 2 000 的比值为 0.0445,即损失率为 4.45%;落在含杂统计区域的颗粒总质量为 71.8 g,其中短茎秆质量为 2.86 g,即含杂率为 3.98%。

理想气流场的分布情况应当是气流场在整个筛面分布呈现筛前气流速度较大,中部有所降低,筛尾气流速度有所增加。从图 8-6 所示结果可以看出:气流从风机出口直到筛面处形成较为流畅的气流,经过振动筛后由于其反射作用气流速度略微减小,气流整体方向朝清选室出口处变化,利于将杂物吹出清选室。但是,整个气流的高速区域集中在振动筛的中后部,振动筛前端的气流速度非常小,并且在抖动板到振动筛前端这一区域内出现了回流和涡流,将会影响清选效果。由于振动筛前端位置是物料由脱粒滚筒落入清选室的集中处,气流速度过小将不利于物料的筛分且增加了振动筛的清选负荷。由于物料过多堆积于振动筛前端,易造成筛孔的堵塞,减少籽粒的透筛机会,增加清选损失率,所以这种结构的清选室气流场并不满足理想要求。

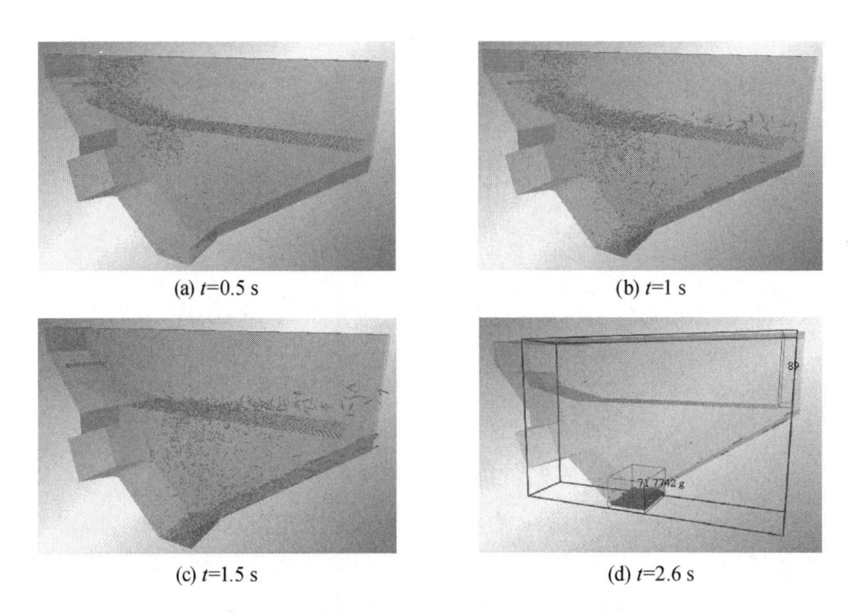

(a) t=0.5 s　(b) t=1 s

(c) t=1.5 s　(d) t=2.6 s

图 8-6　单进风口清选室清选过程及结果

(2) 单进风口加装导风板结构

在原清选室结构基础上，于进风口和振动筛之间加装两块导风板，上导风板左端距离清选室左侧壁 245 mm，距离清选室底部 190 mm，与水平面夹角 45°；下导风板距离清选室左侧壁 215 mm，距离清选室底部 150 mm，与水平面夹角 20°，模型如图 8-7 所示。

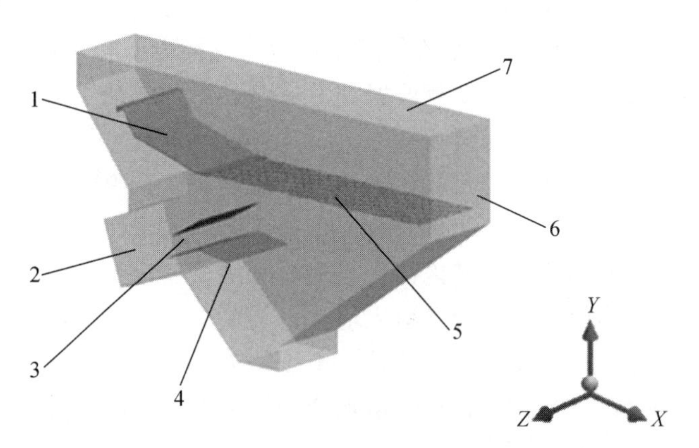

1—抖动板；2—下进风口；3—上导风板；4—下导风板；5—振动筛；6—气流出口；7—清选室侧壁

图 8-7　单进风口加装导风板清选室模型

在 Fluent 和 EDME 中以相同的参数进行仿真模拟。气流场速度分布云图及速度矢量图如图 8-8 所示。从图 8-8 可以看出:导风板将进入清选室的气流分成了 3 个方向。其中,大部分气流在经过上导风板后改变方向吹向振动筛前端,使得原本的低速气流区域变为高速气流区域,有利于在筛前吹散物料,更适合于高喂入量作业;一部分气流在经过导风板后吹向清选室底部的籽粒搅龙,使从振动筛落向籽粒搅龙的物料接受二次清选,增加了清选效率。但是,在抖动板与振动筛前端之间的气流速度仍然较低,这一区域仍然存在回流和涡流,从而使由脱粒滚筒落下的物料混合物在这段区域中未得到有效清选。虽然有抖动板的作用,但还是容易厚薄不均地堆积在上筛面上,增加振动筛的负荷,因此考虑对清选室的气流入口做进一步改进。

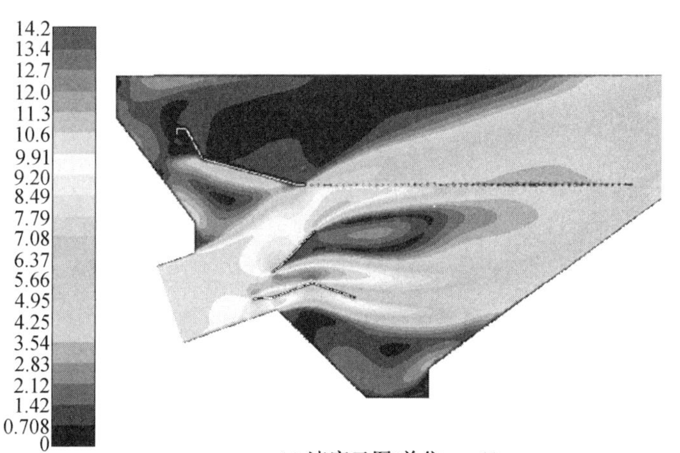

(a) 速度云图(单位：m/s)

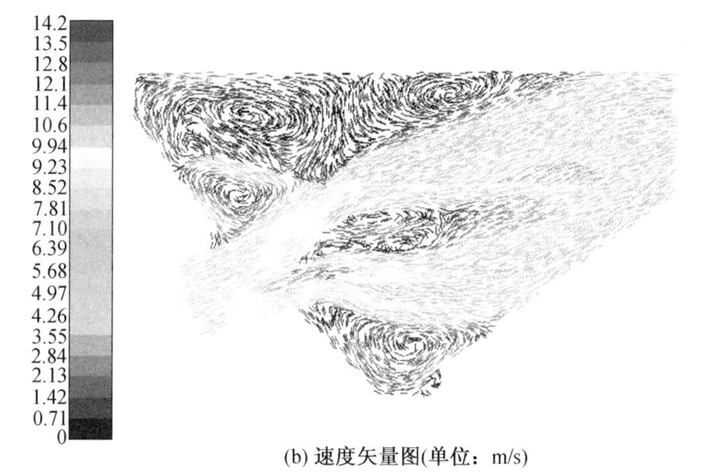

(b) 速度矢量图(单位：m/s)

图 8-8　气流场速度云图及速度矢量图

如图 8-9 所示，单进风口加装导风板结构在 $t=2.38$ s 时基本完成清选过程，根据统计区域显示，通过损失统计区域的颗粒个数为 43 个，即损失率为 2.15%；落在含杂统计区域的籽粒总质量为 72.80 g，短茎秆质量为 1.76 g，即含杂率为 2.41%。

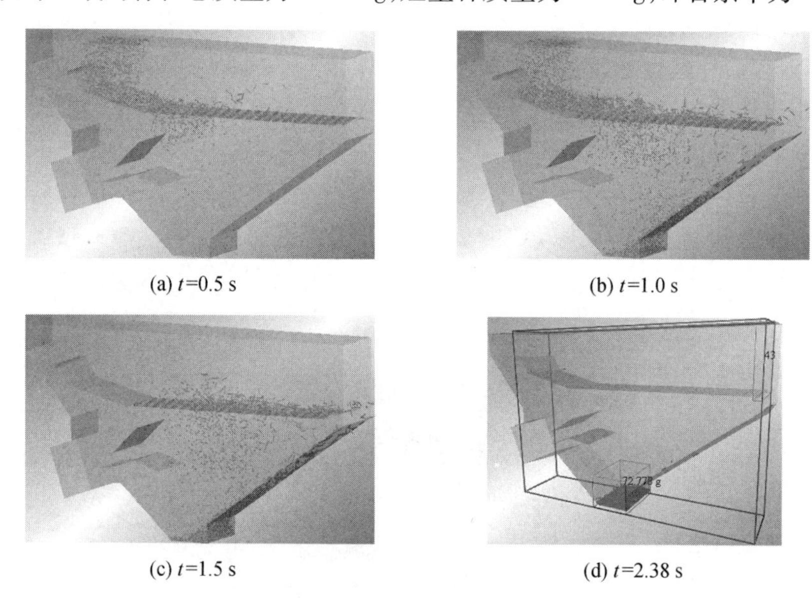

(a) t=0.5 s　(b) t=1.0 s

(c) t=1.5 s　(d) t=2.38 s

图 8-9　单进风口加装导风板清选过程及结果

(3) 双进风口加装导流板清选室结构

为了弥补上述不足，对横轴流风机做出改动，通过引导风道将气流引至振动筛前端部，并与筛面平行地吹向筛尾，如图 8-10 所示。气流场速度分布云图及速度矢量图如图 8-11 所示。

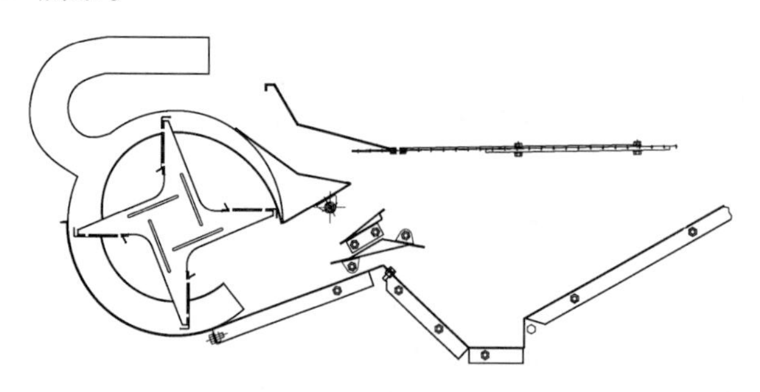

图 8-10　双进风口加装导风板清选室模型

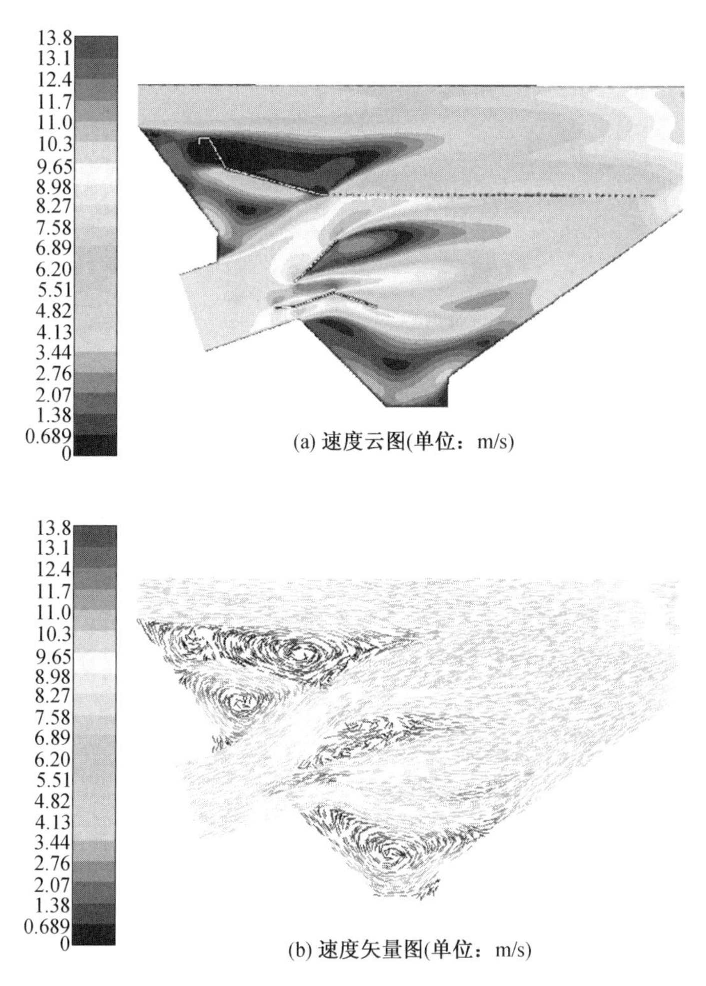

(a) 速度云图(单位：m/s)

(b) 速度矢量图(单位：m/s)

图 8-11　气流场速度云图及速度矢量图

由图 8-11 可以看出:增加上进风口后,振动筛下方气流与前述单进风口加导风板结构并无太大区别,由上进风口进入清选室的气流在物料从脱粒滚筒落下还未到达筛面前即对其产生作用,即预清选,有利于物料更均匀地落在振动筛筛面上,降低振动筛前端物料此厚彼薄情况发生的概率,有效减小振动筛所受负荷。整个筛面气流速度呈现前端高,中部有所下降,筛尾有所升高的趋势,符合理想气流场速度分布的要求；同时,上进风口的气流与下进风口气流共同作用,使得振动筛筛面气流更加均匀平稳,速度方向更利于杂物吹出清选室。双进风口加导风板清选室结构能够对物料进行多层次的吹风清选,降低损失率和含杂率,提高清选效率。

如图 8-12 所示,双进风口加装导风板结构在 $t=2.21$ s 时基本完成清选过程。

根据统计区域显示,通过损失统计区域的籽粒数量为 4 个,损失率为 0.2%;落在含杂统计区域的总质量为 75.04 g,短茎秆质量为 1.24 g,即含杂率为 1.65%。

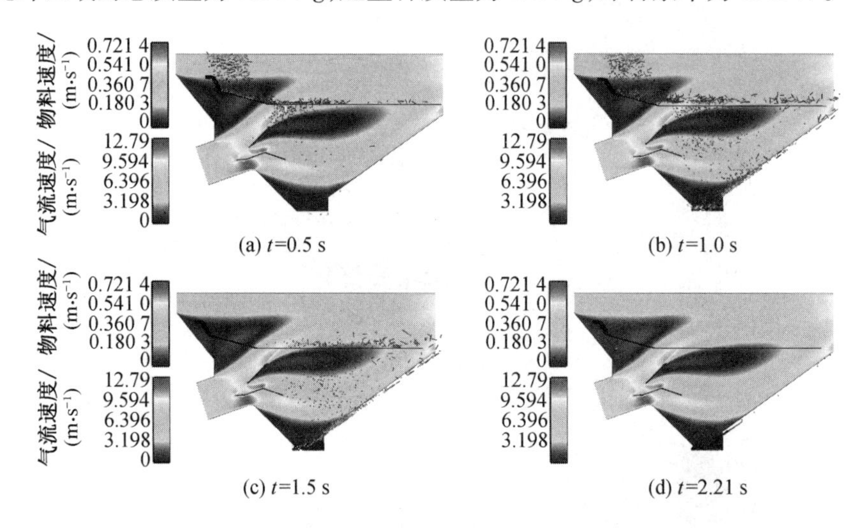

图 8-12　双进风口加装导风板清选室清选过程及结果

单从清选完成速度来看,在完成同样总量籽粒的清选过程时,单进风口结构清选室需用时 2.6 s,单进风口加装导风板结构清选室需用时 2.38 s,而双进风口加装导风板结构清选室用时最少,为 2.21 s。由此表明:此结构的清选处理量最大。从清选指标的统计来看,由于振动筛前端是物料经脱粒滚筒脱粒后进入清选室的集中区域,此处清选气流速度过低,将不利于吹散物料,易造成筛孔的堵塞,同时筛中部气流过大也会减少籽粒的透筛概率,从而增加损失率。筛前端气流速度的增大,使得该区域集中的物料更容易被吹散,筛中部气流速度略有降低,有效增大籽粒透筛概率,从而降低损失率。同时,由于三风道导风板的作用,使得整个筛下空间有效气流均匀地落在振动筛筛面上,增大了籽粒透筛概率,同时有效地减小了振动筛前端所受负荷。上下出风口气流共同作用,使得振动筛筛面气流更加均匀平稳,速度方向更利于将杂物吹出清选室。

8.1.3　风筛选清选效果仿真试验

为探寻多参数共同作用对清选指标所造成的影响,选取风速、振幅和频率进行仿真正交试验。本次仿真试验每个因素取 3 个水平,按照正交试验表选择 4 因素 3 水平 $L_9(3^4)$ 正交表,并设定试验指标为清选含杂率(Z)及损失率(S),其中因素 A 为进风口风速、因素 B 为振幅、因素 C 为振动频率。因素水平及试验结果统计见表 8-3。

表 8-3　正交仿真试验因素水平及结果

试验号	因素			试验结果	
	$A/(\mathrm{m \cdot s^{-1}})$	B/mm	C/Hz	Z/%	S/%
1	1(8)	1(30)	1(5.5)	4.03	2.51
2	1	2(35)	2(6)	3.66	2.32
3	1	3(40)	3(6.5)	3.12	2.8
4	2(9)	1	2	2.41	2.21
5	2	2	3	2.09	2.16
6	2	3	1	2.12	2.76
7	3(10)	1	3	1.11	2.91
8	3	2	1	1.18	3.02
9	3	3	2	0.75	3.31

正交仿真试验清选含杂率极差分析见表 8-4，对于试验指标清选含杂率来说，其值越低越好，所以 A_3（10 m/s），B_3（40 mm），C_3（6.5 Hz）分别为进风口风速、振幅、振动频率的最优水平。极差 R 值显示 $R_A > R_B > R_C$，即 3 个因素对试验指标清选含杂率的影响程度强弱依次为 A，B，C，即风速影响最大，振幅次之，振动频率最小。所以，清选含杂率的最优组合为 $A_3B_3C_3$，即当风速为 10 m/s，振幅为 40 mm，振动频率为 6.5 Hz 时清选含杂率效果最优。

表 8-4　清选含杂率极差分析

指标	A	B	C
K_1	10.81	7.55	7.33
K_2	6.62	6.93	6.82
K_3	3.04	5.99	6.32
k_1	3.60	2.52	2.44
k_2	2.21	2.31	2.27
k_3	1.01	2.00	2.11
R	1.59	0.52	0.33
较优水平	A_3	B_3	C_3
因素主次		A,B,C	
优方案		$A_3B_3C_3$	

含杂率的方差分析见表8-5所示，在95%的置信区间内，进风口风速、振动筛振幅及振动筛振动频率对清选含杂率的影响均具有显著性，3个因素对清选含杂率的影响程度由大到小依次为进风口风速、振幅、振动频率，通过正交试验数据分析得到的含杂率影响因素显著性排序与前述极差分析所得结果一致。

表8-5 含杂率方差分析

指标	Ⅲ型平方和	*df*	均方	*F*	Sig.
校正模型	10.664a	6	1.777	547.815	0.002
截距	46.558	1	46.558	14 350.031	0.000
风速	10.083	2	5.041	1 553.860	0.001
振幅	0.411	2	0.206	63.384	0.016
频率	0.170	2	0.085	26.202	0.037
误差	0.006	2	0.003		
总计	57.229	9			
校正的总计	10.671	8			
$R^2=0.999$（调整 $R^2=0.998$）					

正交仿真试验清选损失率极差分析见表8-6，A_2（9 m/s），B_2（35 mm），C_2（6 Hz）分别为风速、振幅、振动频率的最优水平。极差 R 值显示 $R_A>R_B>R_C$，即3个因素对试验指标的影响程度由大到小依次为 A,B,C，即进风口风速影响最大，振幅次之，振动频率最小。所以，清选损失率的最优组合为 $A_2B_2C_2$，即当风速为9 m/s，振幅为35 mm，振动频率为6 Hz时清选含杂率效果最优。

表8-6 损失率极差分析

指标	*A*	*B*	*C*
K_1	7.63	7.63	8.29
K_2	7.13	7.50	7.84
K_3	9.24	8.87	7.87
k_1	2.54	2.54	2.76
k_2	2.38	2.50	2.61
k_3	3.08	2.96	2.62
R	0.70	0.34	0.16
较优水平	A_2	B_2	C_2
因素主次		A,B,C	
优方案		$A_2B_2C_2$	

损失率方差分析见表 8-7，在 95% 的置信区间内，进风口风速、振幅和振动频率对清选损失率的影响均具有显著性，3 个因素对清选损失率的影响程度由大到小依次为进风口风速、振幅、振动频率。通过正交试验数据分析得到的损失率影响因素显著性排序与前述极差分析所得结果一致。

表 8-7　损失率方差分析

指标	Ⅲ型平方和	*df*	均方	*F*	Sig.
校正模型	1.234a	6	0.206	881.381	0.001
截距	64.000	1	64.000	274 285.714	0.000
风速	0.810	2	0.405	1 736.714	0.001
振幅	0.381	2	0.191	817.000	0.001
频率	0.042	2	0.021	90.429	0.011
误差	0.000	2	0.000		
总计	65.234	9			
校正的总计	1.234	8			
R^2 = 1.000（调整 R^2 = 0.998）					

为了兼顾含杂率和损失率 2 种清选指标，得到最优清选效果，采用加权评分法对所得仿真试验结果进行分析，其加权综合指标 *Z* 见表 8-8。

表 8-8　加权综合评价得分

试验号	因素			试验结果		*Z*
	$A/(\mathrm{m \cdot s^{-1}})$	*B*/mm	*C*/Hz	*Z*/%	*S*/%	
1	1(8)	1(30)	1(5.5)	4.03	2.51	83.08
2	1	2(35)	2(6.0)	3.66	2.32	76.31
3	1	3(40)	3(6.5)	3.12	2.80	82.44
4	2(9)	1	2	2.41	2.21	64.68
5	2	2	3	2.09	2.16	61.24
6	2	3	1	2.12	2.76	74.15
7	3(10)	1	3	1.11	2.91	69.80
8	3	2	1	1.18	3.02	72.65
9	3	3	2	0.75	3.31	75.58

对得到的综合指标 *Z* 进行极差分析，结果见表 8-9。

表 8-9 综合评价极差分析

指标	A	B	C
K_1	241.83	217.56	229.88
K_2	200.07	210.20	216.57
K_3	218.04	232.17	213.48
k_1	80.61	72.52	76.63
k_2	66.69	70.07	72.19
k_3	72.68	77.39	71.16
R	13.92	7.32	5.47
较优水平	A_2	B_2	C_3
因素主次		A,B,C	
优方案		$A_2B_2C_3$	

综合考虑含杂率与损失率时，仍然是清选指标的值越小越好，所以综合最优参数组合为 $A_2B_2C_3$，即当进风口风速为 9 m/s，振幅为 35 mm，振动频率为 6.5 Hz 时清选含杂率效果最优。

8.2 风筛选式联合收割机清选机构参数优化与试验

本节采用自行研制的双滚筒风筛选式可移动田间联合收获试验平台直接在田间对密度、植株高度、产量水平一致性较好的机械直播油菜在适收状态下进行联合收获清选试验，分析田间实际油菜联合收获条件下清选机构参数变化对清选效果（清选损失率和含杂率）的影响，建立清选机构参数与清选效果的数学模型，优化求解，获得风筛选式油菜联合收获清选机构参数的最优参数组合并进行试验验证，以期为油菜联合收割机清选机构的参数选择和优化提供参考。

8.2.1 试验材料与方法

油菜联合收获清选机构参数试验在双滚筒风筛选式可移动田间联合收获试验平台上进行，该移动式试验平台基于 4LL－2.2A 型联合收割机改造而成，基本结构如图 8-13 a 所示。该移动试验平台主要由割台、输送槽、双滚筒脱粒机构、风筛选式清选机构、行走底盘等机械部件和液压电气控制系统、工作状态参数数据采集系统等组成。试验过程为：待试验作物在田间直接由割台割倒后经输送槽输入双滚筒脱粒分离系统进行脱粒分离，脱分混合物再经风筛选式清选机构进行筛分清选作业，由电气控制系统负责控制割台高度和行走速度等参数，数据采集系统负责工作部件工作参数的实时数据采集和存储。

该移动试验平台的清选机构选择目前油菜联合收割机常用的风筛选式结构形式，如图 8-13 b 所示，由曲柄、上筛、下筛和风机等部件组成。该机构振动方向角为 19°，振动筛面倾角为 0°，筛面宽度 900 mm，筛面长度 1 100 mm，上筛为在鱼鳞筛上叠加 12 mm × 12 mm 的编织筛，下筛为 ϕ 6 mm 的冲孔筛。振动筛的振幅、振动频率可以通过改变曲柄半径和曲柄转速调节，离心风机转速和出风口倾角可调。

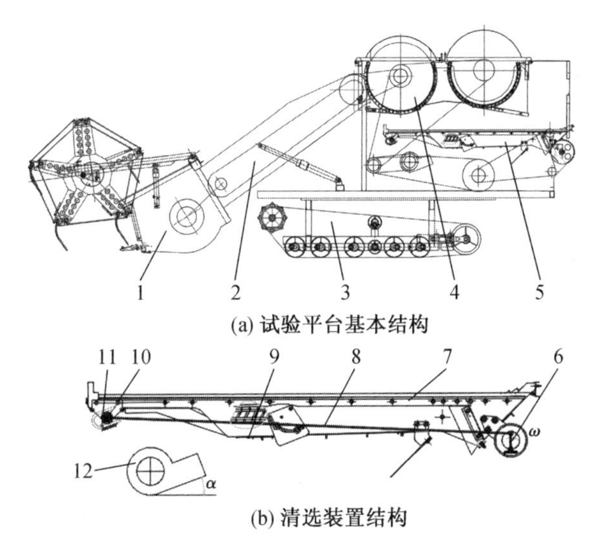

(a) 试验平台基本结构

(b) 清选装置结构

1—割台；2—输送槽；3—行走底盘；4—脱粒滚筒；5—清选机构

6—曲柄；7—上筛；8—连杆；9—下筛；10—轴承；11—滑动槽；12—风机

图 8-13　试验装置和清选装置结构原理图

风筛选式清选机构的工作过程类似一个曲柄连杆机构，上筛和下筛组成连杆，偏心驱动链轮为曲柄，曲柄转动带动上筛和下筛在倾斜滑动槽内移动，离心风机和风机倾角为物料清选提供合适的气流场，上筛和下筛由曲柄驱动，做近似直线形的往复振动，对清选物料进行分层和分离。

已有油菜清选机构室内清选试验表明，影响风筛选式清选机构清选效果（籽粒含杂率、清选损失率）的主要因素为振动筛振幅、曲柄转速、风机转速和导风板倾角 4 个因素。本次试验针对双滚筒脱粒分离机构，根据生产实际在田间直接进行油菜脱粒清选收获试验，选取振动筛振幅、曲柄转速、风机转速和风机倾角 4 个风筛选式清选机构主要参数，首先采用 Plackett-Burman 试验设计分析清选机构 4 个参数对清选损失率和含杂率影响的主次关系，再根据中心组合（Central Composite）试验设计原理建立清选机构 4 个参数与清选损失率和含杂率之间的影响关系模型。4 个参数的零水平为该风筛选式清选机构的常用工作参数，在已有参数试验和分析的基础上确定其变化范围。试验因素及变化范围见表 8-10。

表 8-10　试验因素与水平

水平	振幅 A/mm	曲柄转速 B/(r · min^{-1})	风机转速 C/(r · min^{-1})	风机倾角 D/(°)
-1	24	388	1 195	20
0	33	407	1 481	25
1	42	438	1 767	30

试验油菜品种为宁杂1818,采用机械直播方式种植,行距300 mm,播种密度约2.3万株/亩,未倒伏。油菜株高平均2 062 mm,底荚高度平均892 mm,主茎秆直径平均20.2 mm。联合收获试验时油菜籽粒含水率平均20.4%,籽粒千粒重5.33 g,割茬平均高度591 mm,平均喂入量2.0 kg/s。

试验前进行油菜田间生长情况测试,测试方法按国标GB/T 5262—2008进行。油菜联合收获机清选机构的清选损失率和籽粒含杂率按中华人民共和国农业行业标准——油菜联合收获机质量评价技术规范(NY/T 1231—2006)和中华人民共和国农业部发布的农业机械推广鉴定大纲——油菜联合收获机(DG/T 057—2011)标准进行测试。

保持移动式田间试验平台匀速行驶,割台高度保持恒定,选择地势平坦、油菜长势均匀的地方进行测试,每组试验测试2次取平均,测区长度25 m,预备区长度25 m。喂入量通过测定测区内接样的籽粒、茎秆和清选排出物的总量除以通过测区的时间计算。清选损失测试用透气编织网袋接取清选机构上筛和下筛排出物,分离出角果和籽粒为清选损失,对粮仓内油菜进行取样,计算含杂率。

8.2.2　清选机构参数试验结果及分析

(1) 试验方案和结果

以A,B,C和D表示风筛选式清选机构振动筛的振幅、振动筛曲柄转速、风机转速和风机倾角。Y_1为清选损失率平均值,Y_2为含杂率平均值。1-12号试验为Plackett-Burman试验,2-26号试验为响应面试验。试验方案及试验结果见表8-11。

表 8-11　试验方案及试验结果

试验号	振幅 A/mm	曲柄转速 B/(r · min^{-1})	风机转速 C/(r · min^{-1})	风机倾角 D/(°)	清选损失率 Y_1/%	籽粒含杂率 Y_2/%
1	42	388	1 767	30	6.42	0.54
2	42	438	1 195	30	14.75	1.56
3	42	388	1 767	30	6.40	0.52
4	42	438	1 767	20	14.24	0.45
5	42	388	1 195	20	4.25	2.10

续表

试验号	振幅 A/mm	曲柄转速 $B/(\mathrm{r \cdot min^{-1}})$	风机转速 $C/(\mathrm{r \cdot min^{-1}})$	风机倾角 $D/(°)$	清选损失率 Y_1/%	籽粒含杂率 Y_2/%
6	42	438	1 195	20	18.05	1.77
7	24	388	1 767	20	2.60	0.88
8	24	438	1 195	30	3.85	0.81
9	24	438	1 767	30	3.06	0.93
10	24	438	1 767	20	6.06	0.61
11	24	388	1 195	30	4.05	1.35
12	24	388	1 195	20	4.75	1.09
13	24	388	1 767	30	3.29	0.78
14	24	438	1 195	20	8.50	1.99
15	24	407	1 481	25	13.33	1.08
16	33	407	1 481	25	2.29	1.08
17	33	407	1 481	30	1.77	0.52
18	33	407	1 481	20	1.85	0.75
19	33	407	1 195	25	1.22	1.32
20	33	407	1 767	25	4.25	0.73
21	33	388	1 481	25	1.58	0.91
22	33	438	1 481	25	6.38	0.68
23	42	438	1 767	30	19.39	0.45
24	42	388	1 195	30	4.90	1.62
25	42	388	1 767	20	6.08	0.41
26	42	407	1 481	25	9.51	1.49

(2) Plackett-Burman 试验结果分析

Plackett-Burman 试验是一种分析多个试验因素对试验指标影响程度的试验分析方法，利用 Design-Expert 8.0.5b 软件对 1－12 号试验结果中清选机构 4 个因素对清选损失率和含杂率的影响进行方差分析。分析表明，振动筛振幅（A）对清选损失率的影响显著（$p=0.0071<0.01$），曲柄转速（B）对清选损失率影响达到显著（$p=0.0205<0.05$），且振动筛的振幅对清选损失率的影响大于曲柄转速；在试验所选的因素水平变化范围内，风机转速（C）和风机倾角（D）对清选损失率影响不显著。

(3) 清选效果响应面分析

① 清选损失率响应面分析

采用相同的方法对含杂率进行方差分析，模型不显著（$p=0.0649>0.05$），剔除对模型影响极不显著的曲柄转速(B),再进行方差分析,含杂率方差分析模型达到显著($p=0.024\ 2<0.05$)。风机转速(C)对含杂率的影响达到显著[$0.001<p$ ($=0.005\ 2$) <0.01]。在试验所选的因素水平变化范围内,振动筛振幅(A)、曲柄转速(B)和风机倾角(D)3 个因素对含杂率的影响不显著。

利用 Design-Expert 8.0.5b 软件对 2-16 号的试验结果进行多元回归拟合。选择二次多项式逐步回归法进行清选损失率的四因素回归拟合,对回归模型进行方差分析,回归模型 F 检验达到极显著($p<0.000\ 1$),但方程相关系数 $R^2=0.859\ 6$,试验的实测值与回归方程的预测值误差依然较大。采用四次多项式逐步回归法继续对清选损失率进行回归拟合,回归模型 F 检验达到极显著($p=0.000\ 3<0.001$)。其中 B 对清选损失率的影响达极显著($p=0.000\ 1<0.001$)、AB 对清选损失率的影响达极显著($p=0.000\ 5<0.001$)、A^2 对清选损失率的影响达很显著($p=0.002\ 6<0.005$)、AC^2 对清选损失率影响达很显著($p=0.008\ 2<0.005$),说明清选机构中振动筛振幅、振动频率、风机转速和风机倾角 4 个参数对清选损失率的影响非常复杂,各个因素对损失率的影响不是简单的线性关系,存在交互作用。

清选损失率回归方程为

$$Y_1=-436.89+2.76A-0.39B+0.64C+7.73D+0.01AB-0.02AC+0.04BD+(4.88\times10^{-4})CD+0.09A^2+(1.17\times10^{3})B^2-(2.21\times10^{-4})C^2-0.33D^2+(6.23\times10^{-6})AC^2-(1.27\times10^{-4})B^2D+(1.44\times10^{-6})B^2D^2$$

回归模型的相关系数 $R^2=0.955\ 9$,清选损失率回归方法采用四次多项式回归模型的预测值与试验实测值吻合度较好。

② 清选含杂率响应面分析

分别采用二次和三次多项式逐步回归法对清选损失率进行回归拟合,虽然回归方程达到极显著水平,但回归方程相关系数 $R^2=0.849\ 33$,回归模型预测值与试验实测值误差较大。采用四次多项式逐步回归法继续对含杂率进行回归拟合,回归模型 F 检验达显著水平($p=0.001\ 4<0.01$)。其中,C 对清选含杂率的影响达极显著水平($p=0.000\ 1<0.001$)、AC 对清选含杂率影响达很显著($p=0.002\ 2<0.01$)、CD 对清选含杂率的影响达显著($p=0.023\ 1<0.05$)、A^2 对清选含杂率影响达很显著($p=0.003\ 7<0.01$)、D^2 对清选含杂率的影响达显著($p=0.034\ 0<0.05$)、$ABCD$ 对清选含杂率影响达显著($p=0.012\ 4<0.05$),说明清选机构中振动筛振幅、振动频率、风机转速和风机倾角 4 个参数对清选含杂率的影响非常复杂,各个因素对含杂率的影响不是简单的线性关系,存在交互作用。

清选含杂率回归方程为

$$Y_2=-301.92+7.66A+0.74B+0.18C+11.72D-0.02AB-(4.88\times10^{-3})AC-0.29AD-(4.53\times10^{-4})BC-0.03BD-(6.88\times10^{-3})CD+(4.97\times10^{-3})A^2-$$

$$(9.89\times10^{-3})D^2+(1.17\times10^{-5})ABC+(7.12\times10^{-4})ABD+(1.79\times10^{-4})ACD+(1.70\times10^{-5})BCD-(4.37\times10^{-7})ABCD$$

回归模型的相关系数 $R^2=0.9660$，清选含杂率四次多项式回归模型的预测值与试验实测值吻合度较好。

(4) 清选效果单因素效应分析

对影响风筛选式清选机构清选效果的 4 个因素，分别固定 3 个因素于零水平，求第 4 个因素与清选损失率和含杂率的降维回归方程，根据降维回归方程可得到 4 个因素分别变化对清选损失率和含杂率的影响关系曲线，单因素与清选损失率和含杂率关系如图 8-14 和图 8-15 所示。

由图 8-14 和图 8-15 可知，在所选定的因素水平变化范围内，对于振动筛振幅 (A)，随着因素水平的增大，损失率和含杂率均呈现先降后升的趋势；对于曲柄转速 (B)，随着因素水平的增大，清选损失率有逐渐增大的趋势，而含杂率有降低的趋势，但降低的幅度较小；对于风机转速 (C)，随着因素水平的增大，含杂率呈逐渐降低的趋势且下降趋势明显，风机转速 (C) 因素水平变化对清选损失率影响较小；风机倾角 (D) 因素水平的变化对清选损失率的影响较小，但对含杂率影响呈先增大后降低的趋势。

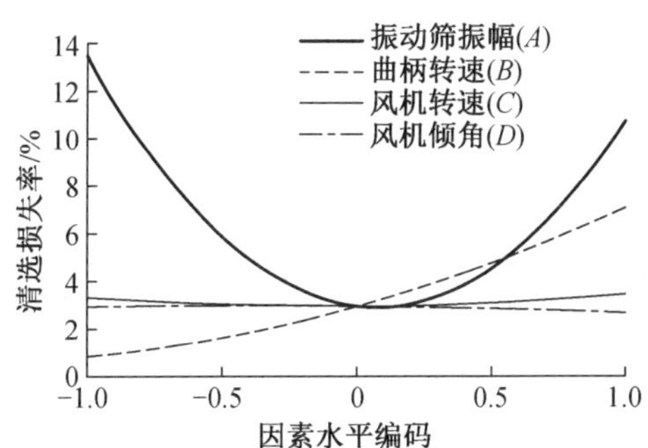

图 8-14　单因素与清选损失率的关系图

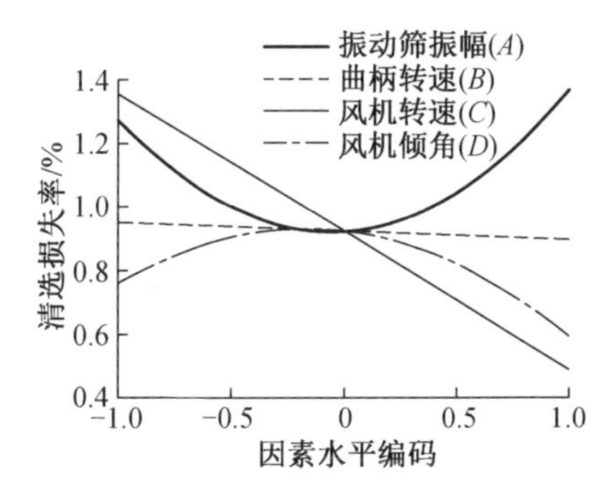

图 8-15　单因素与含杂率的关系图

(5) 清选效果双因素效应分析

对采用四次逐步回归法求解的清选损失率和含杂率回归方程,任意固定 2 个因素在零水平,可获得其余 2 个因素的交互效应对清选损失率和含杂率的影响,双因素效应对清选损失率的影响如图 8-16 所示,对含杂率的影响如图 8-17 所示。

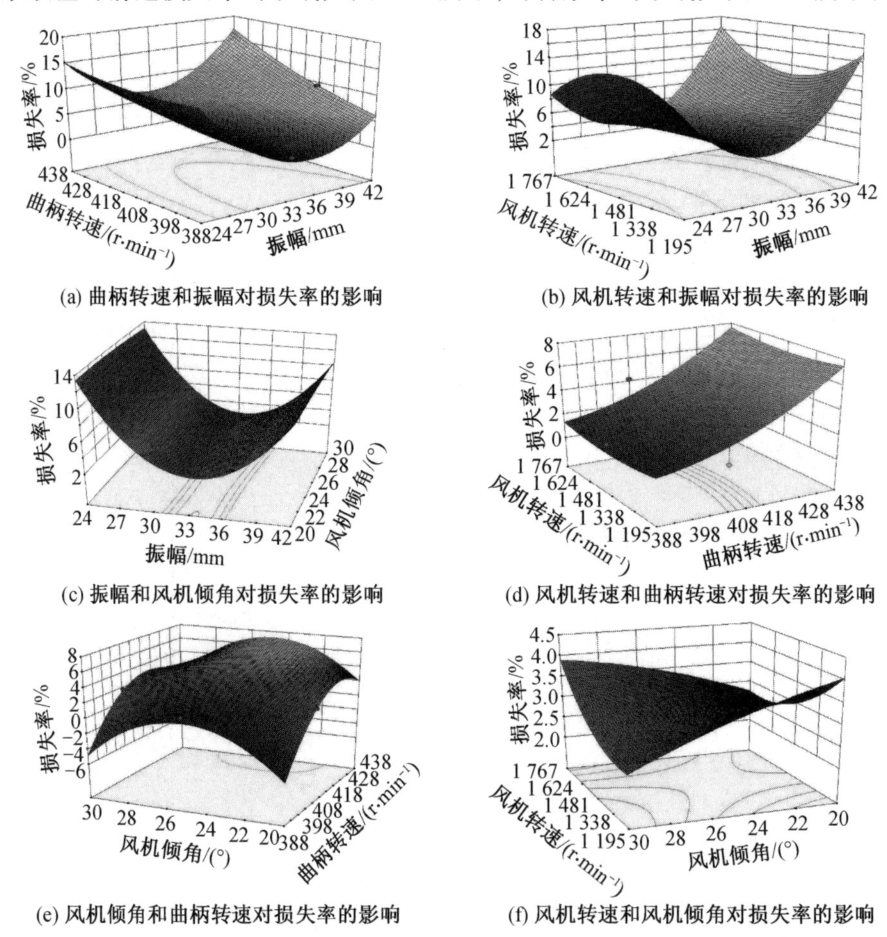

(a) 曲柄转速和振幅对损失率的影响

(b) 风机转速和振幅对损失率的影响

(c) 振幅和风机倾角对损失率的影响

(d) 风机转速和曲柄转速对损失率的影响

(e) 风机倾角和曲柄转速对损失率的影响

(f) 风机转速和风机倾角对损失率的影响

图 8-16　双因素对清选损失率的影响

由图 8-16 a 可知,在曲柄转速各个水平下,清选损失率随振幅增加均呈现先降后升的趋势,在振幅各个水平下,清选损失率随曲柄转速降低呈下降趋势,但下降幅度不同。由图 8-16 b 可知,在风机转速各水平下,清选损失率随振幅增加均呈先降后升的趋势;在振幅较小时,损失率随风机转速升高呈先升后降的趋势,在大振幅时,清选损失率随风机转速升高呈先降后升趋势,在振幅零水平附近,风机转速对清选损失率影响较小。由图 8-16 c 可知,在振幅各水平下,风机倾角对清选损失率的影响较小，在风机倾角各水平下，清选损失率随振幅的增加呈先降后升趋势。由图 8-16 d 可知，在风机转速各水平下，清选损失率均随曲柄转速的增加呈相同的上升趋势，风机转速对清选损失率的影响较小。由图 8-16 e 可知，在曲柄转速各水平下，清选损失率随风机倾角增加呈先升后降的趋势，但先升后降的幅度不同；在风机倾角零水平处，随曲柄转速增加清选损失率呈逐步上升的趋势，而在风机倾角低水平和高水平处，清选损失率随曲柄转速增加呈先升后降趋势。由图 8-16 f 可知，在风机转速零水平处，风机倾角变化对清选损失率影响较小，在风机转速低水平附近，清选损失率随风机倾角的增加而减小，在风机转速高水平附近，清选损失率随风机倾角的增加而增大。

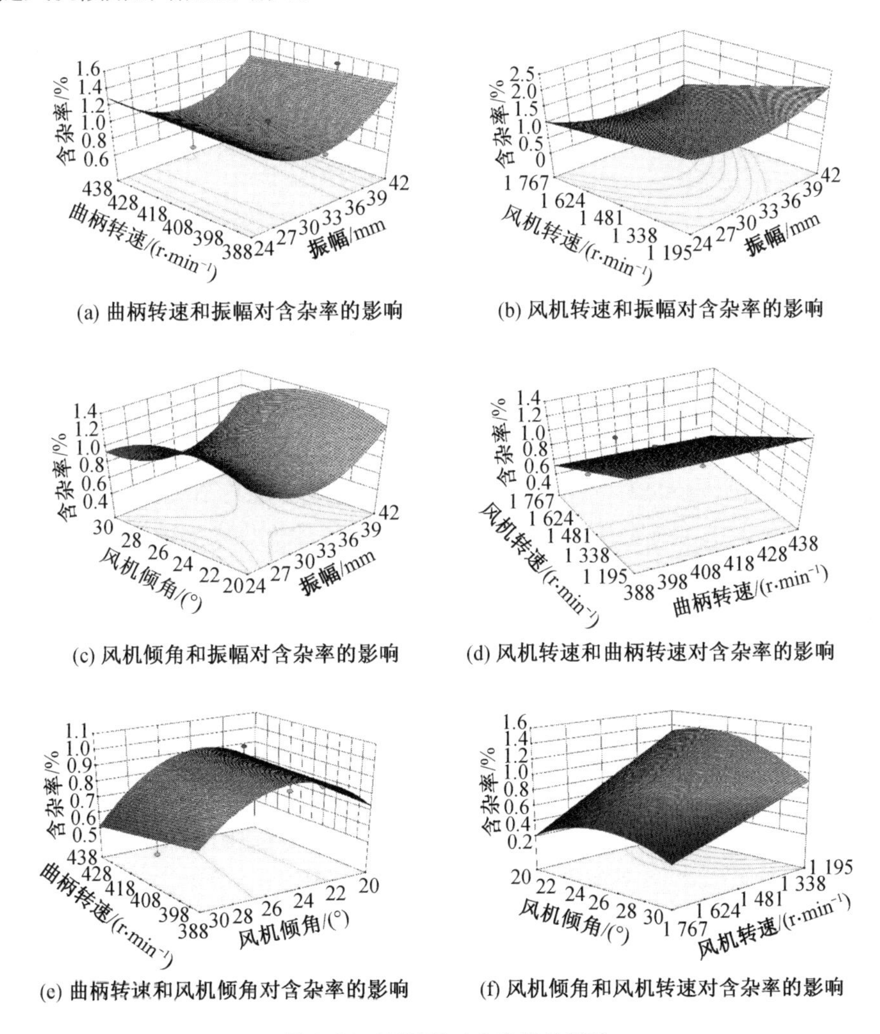

图 8-17　双因素对含杂率的影响

由图 8-17 a 可知，在曲柄转速各水平下，含杂率随振幅增加均呈先降后升的趋势；在振幅各水平下，损失率均随曲柄转速增加呈逐渐降低的趋势。由图 8-17 b 可知，在风机转速各水平下，含杂率随振幅增加均呈微弱的先降后升趋势；在振幅各水平下，含杂率随风机转速增加呈现逐渐下降的趋势。由图 8-17 c 可知，在振幅各个水平下，含杂率均随风机倾角增加呈相同的先升后降趋势；在风机倾角各水平下，含杂率随振幅增加均呈相同的先降后升趋势。由图 8-17 d 可知，在风机转速各水平下，曲柄转速对含杂率的变化影响较小；在曲柄转速各水平下，含杂率随风机转速的增加呈相同的逐渐下降趋势。由图 8-17 e 可知，在曲柄转速各水平下，含杂率均随风机倾角的增加呈相同的先升后降趋势；在风机倾角低水平附近，随着曲柄转速的增加，含杂率呈微弱的上升趋势，在风机倾角高水平附近，含杂率随曲柄转速增加呈微弱的下降趋势，在风机倾角零水平附近，曲柄转速对含杂率影响极小。由图 8-17 f 可知，在风机转速各水平下，含杂率随着风机倾角的增加呈相同的先升后降趋势；在风机倾角各水平下，含杂率随着风机转速的增加呈相同的逐渐下降趋势。

8.2.3 风筛选式清选机构参数优化

由清选损失率和籽粒含杂率回归数学模型，可以在约束条件范围内选取清选机构的最优参数组合并对回归模型进行检验。以最小清选损失率和最低含杂率为评价指标，建立优化数学模型如下：

目标函数：$\min Y_1(A,B,C,D)$；$\min Y_2(A,B,C,D)$

约束条件：$24 \leqslant A \leqslant 42$；$388 \leqslant B \leqslant 438$；$1\,195 \leqslant C \leqslant 1\,767$；$20 \leqslant D \leqslant 30$

利用 Design-Expert 8.0.5 b 软件自带的约束条件优化求解模块，可求得满足约束条件的最小清选损失率和最低含杂率的最优参数组合。求解的最优参数组合为：振动筛振幅 35.08 mm，曲柄转速 391.91 r/min，风机转速 1 750.23 r/min，风机倾角 29.17°。

清选机构实际工作参数很难调整到理论求解的优化值，根据移动式试验平台清选机构参数可调范围，选择一组接近优化求解值的参数进行田间试验，参数值为：振动筛振幅 35 mm，曲柄转速 392 r/min，风机转速 1 750 r/min，风机倾角 29°。试验于 2015 年 6 月 8 日在相同地点采用相同的测试方法进行，清选效果田间试验如图 8-18 所示。

图 8-18　清选效果田间试验

试验进行 2 次,清选损失率分别为 0.91% 和 0.88% ,平均为 0.90% ;含杂率分别为 0.42% 和 0.48% ,平均为 0.45% 。与该型双滚筒式油菜联合收割机常用的一组清选机构参数(表 8-11 试验号 16)收获油菜时的清选损失率 2.29% 和含杂率 1.08% 相比,清选损失率降低了 61% ,含杂率降低了 58% 。单因素和双因素效应分析表明,振动筛振幅在零水平附近对损失率影响较小,降低振动筛曲柄转速可显著降低清选损失率,增加风机转速可显著降低籽粒含杂率,实际田间试验与理论分析一致。

以该组试验参数代入清选损失率和含杂率回归模型,求得理论清选损失率为 0.38% ,含杂率为 0.48% 。含杂率理论值与实际试验值较接近,清选损失率试验值与理论计算值误差较大。主要原因如下:一方面,再次进行收获试验时,油菜籽粒含水率已降至 19.5% ,油菜特性与试验初期已存在差异;另一方面,求解的清选损失率和含杂率的回归模型与实际存在误差。但基于该回归模型求解的清选机构工作参数经试验对比,清选损失率和含杂率较优化前降低明显,表明求解的清选损失率和含杂率回归模型的精度能满足清选机构参数优化的需要。

第 9 章 横轴流联合收割机茎秆切碎技术

我国是农作物秸秆生产大国,综合利用秸秆对于改善农业生态环境具有重要意义。目前常见的机械化秸秆还田方式是在联合收割机上加装茎秆切碎装置,把茎秆切碎之后均匀抛撒至田间。茎秆切碎装置在设计和使用中还存在一些问题,例如,横轴流联合收割机的脱粒滚筒排草口不在中间位置,物料流在工作幅宽内分布不均匀,导致茎秆抛撒不均;不同农作物的茎秆力学性能差别较大,切碎装置的切割速度无法根据作物进行快速调整。针对这些问题,本章研究了切碎装置的结构参数、运动参数和动力参数,设计了一种适合横轴流全喂入联合收割机的外挂式茎秆切碎装置,可为茎秆切碎技术的研究提供一定的参考。

9.1 切碎装置茎秆切割机理分析

影响装置切碎性能的因素包括茎秆喂入量、动定刀配合、刀具排列、刀轴转速、茎秆含水率及刀具本身的结构参数(切割刃角、刀厚、刀切割刃厚度)等,其中切碎刀具的结构参数最为重要,直接影响功耗、切碎质量和刀具的使用寿命。切碎刀具的刃线形式主要有直线型和曲线型,本节主要针对直线单面磨刃刀片进行切割机理的探讨。

9.1.1 切割茎秆无缠绕分析

茎秆经脱粒滚筒排草口和振动筛进入切碎装置,再由切碎装置切碎后抛撒至田间。为了提高切碎抛撒质量,确保切碎装置的流畅作业,必须避免茎秆缠刀,本节以直线单面磨刃切割刀为例,对避免茎秆缠刀的方法进行分析。

切割刀在工作时随刀轴做高速回转切割运动,切割形式为无支撑切割。假设在直线刀刃上某处有一茎秆,简化为质点 M,其受力情况如图 9-1 所示,忽略气流影响。

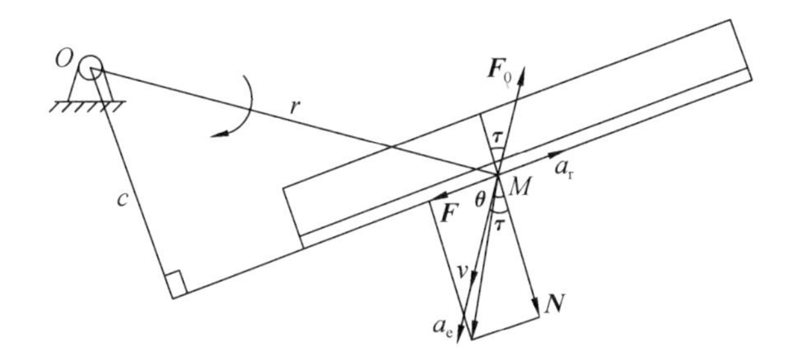

图 9-1　茎秆受力情况

质点 M 沿刀刃方向和垂直于刀刃方向的动力学平衡方程可以表示为

$$\begin{cases} N - F_0\cos\tau - ma_e\cos\tau = 0 \\ (F_0 + ma_e)\cos(0.5\pi - \tau) - F - ma_r = 0 \end{cases} \tag{9-1}$$

式中:m——茎秆质点 M 的质量,kg;

a_e——质点 M 的牵连加速度,m/s^2;

a_r——质点 M 的相对加速度,m/s^2;

τ——茎秆质点 M 与刀刃接触处的滑切角,(°);

N——质点 M 受到的沿切割刃法向方向压力,N;

F——质点 M 受到的沿切割刃线切线方向的摩擦力,N;

F_0——茎秆质点受到其他茎秆沿切割速度反方向的拉扯力,N。

质点 M 受到沿切割刃线切线方向摩擦力表示为

$$F = N\tan\theta \tag{9-2}$$

式中:θ——茎秆质点 M 与切割刀的摩擦角,(°)。

将式(9-2)代入式(9-1)得:$ma_r = N(\tan\tau - \tan\theta)$,若 $N \neq 0, m \neq 0$,当 $\tan\tau > \tan\theta$,即 $\tau > \theta$ 时,$a_r > 0$,刀刃上的茎秆就可以沿着切碎刀具刀刃线滑动,从而避免缠刀。

在安装直线刃刀具时,为保证有滑切角,刀刃线需偏移刀轴径向一定距离。为保证刀刃上任意点都不会发生缠刀现象,需有 $\tan\tau > \tan\theta$。根据式(9-1)有

$$\tan\tau = \frac{e}{\sqrt{r^2 - e^2}} \tag{9-3}$$

式中:e——直线刃偏移回转中心的距离,m;

r——刀刃上各点的回转半径,m。

由 $\tan\tau > \tan\theta$,即 $\frac{e}{\sqrt{r^2 - e^2}} > \mu$,若偏心距 e 为定值,则有

$$r < c\left(1 + \frac{1}{\mu}\right)^{\frac{1}{2}} \tag{9-4}$$

式中:μ——茎秆与切割刀之间的摩擦系数。

9.1.2 切割力分析

以单茎秆切割为例并视茎秆为弹塑性体。刀片切割茎秆的过程,可以分为2个阶段:刀片切割茎秆对茎秆的初始挤压阶段和在茎秆发生塑性变形之后刀片切入茎秆阶段。在这2个阶段里,刀片的受力情况不一样,可以划分为2个部分:刀片挤压茎秆使之发生塑性变形的过程中受到的反力,以及茎秆发生塑性变形之后刀片切割茎秆所需的有效切割力。作用在刀片单位长度刀刃上的各种力如图9-2所示。

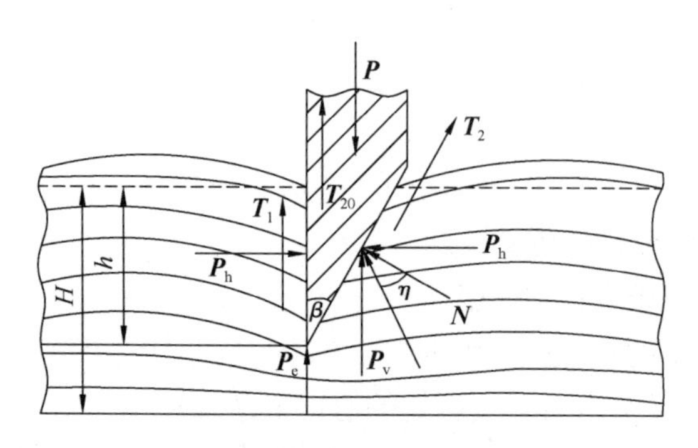

图9-2 单磨刃刀片切割茎秆受力示意图

在初始挤压阶段,作用于刀刃斜面的法向力 $\boldsymbol{N}$ 是水平分力 $\boldsymbol{P}_{\mathrm{h}}$ 和竖直分力 P_{v} 构成的合力,切割刃角为 β,则

$$N-P_{\mathrm{v}}\sin\beta-P_{\mathrm{h}}\cos\beta=0 \tag{9-5}$$

在法向力 $\boldsymbol{N}$ 的作用下,产生沿刀刃斜切割面的切向力(摩擦力)$\boldsymbol{T}_2$ 为

$$T_2=N\tan\eta=N\mu \tag{9-6}$$

式中:η——切割刀与茎秆之间的摩擦角,(°);

μ——切割刀与茎秆之间的摩擦系数。

在水平力 P_{h} 的作用下,产生沿刀片另一竖直切割面的切向力(摩擦力)$\boldsymbol{T}_1$ 为

$$T_1=P_{\mathrm{h}}\mu \tag{9-7}$$

切向力 $\boldsymbol{T}_2$ 沿竖直方向的分力为

$$T_{20}=T_2\cos\beta \tag{9-8}$$

将式(9-5)、式(9-6)代入式(9-8),经过变换后 T_{20} 可以表示为

$$T_{20}=\mu(P_{\mathrm{v}}\sin\beta\cos\beta+P_{\mathrm{h}}\cos^2\beta) \tag{9-9}$$

茎秆发生塑性变形之后,刀片切割茎秆所需要的力,即作用于刀刃前沿的力 P_{e} 为

$$P_{\mathrm{e}}=F\sigma_{\mathrm{b}}=\delta L\sigma_{\mathrm{B}} \tag{9-10}$$

式中:δ——切割刃宽度,m;

L——参与切割的刀刃长度，m；

σ_B——在刀刃作用下茎秆的屈服强度，N/m^2。

刀片切割茎秆的过程中，在竖直方向上受到的合力 $\boldsymbol{P}$ 可以表示为

$$P = P_h + P_v + T_1 + T_{20} \tag{9-11}$$

式(9-11)里面的力 P_h 和 P_v 可通过对水平和垂直微分力进行积分求得，如图 9-3 所示。

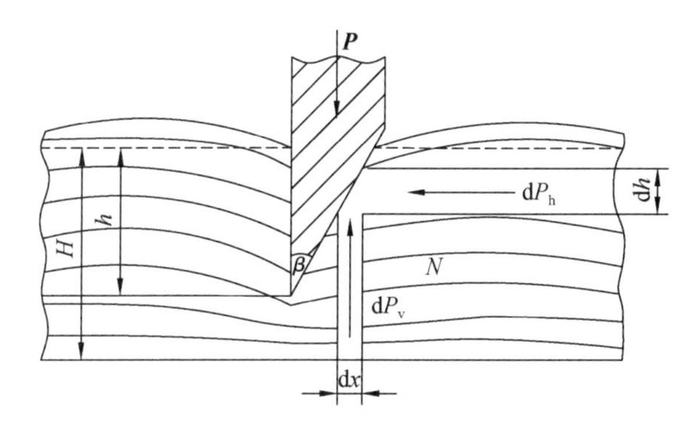

图 9-3　水平与垂直微分力积分示意图

假定茎秆为弹性体，根据胡克定律，有

$$\sigma = E\varepsilon \tag{9-12}$$

$$\varepsilon = \frac{\sigma}{E} = \frac{h_x}{H} \tag{9-13}$$

式中：E——刀片挤压茎秆过程中茎秆的平均形变模量，N/m^2；

H——茎秆的初始挤压厚度，m；

h_x——挤压变形厚度，m。

竖直方向上，作用于单位刀刃长度上的微分力 dP_v 可以表示为

$$dP_v = E\varepsilon dx = E\varepsilon \tan\beta dh_x \tag{9-14}$$

对式(9-14)左右两端进行积分有：

$$P_v = \frac{E}{H}\tan\beta\int_0^h h_x dh_x = \frac{E}{2H}h^2\tan\beta \tag{9-15}$$

同理，在水平方向上，作用于单位刀刃长度上的微分力 dP_h 可以表示为

$$dP_h = \gamma E\varepsilon dh_x \tag{9-16}$$

式中：γ——泊松比。

对式(9-16)左右两端进行积分有

$$P_h = \frac{\gamma E}{H}\int_0^h h_x dh_x = \frac{\gamma E}{2H}h^2 \tag{9-17}$$

将式(9-7)、式(9-9)、式(9-10)、式(9-15)、式(9-17)代入式(9-11)中，可以变换得到竖直方向作用于单位刀刃长度的总力 **P** 为

$$P=\delta\sigma_B+\frac{Eh^2}{2H}[\tan\beta+\mu\sin^2\beta+\gamma\mu(1+\cos^2\beta)] \tag{9-18}$$

式中：h——刀片挤压茎秆至塑性变形时茎秆变化的厚度，m。

式(9-18)的第一部分表示茎秆塑性变形之后，刀切割茎秆所需的有效切割力；第二部分表示刀片挤压茎秆至塑性变形阶段所受到的反力。由式(9-18)可以看出，当挤压厚度 h 增加的时候，切割力的增加较显著。此外，随着刀片刃角的增加，切割力也是逐渐增加的。在设计刀片刃角时，刀片刃角不能过大或者过小，过大造成切割阻力和功耗增加，过小容易引起刀片疲劳损坏。当刀片刃角小于 20°时，切割功耗会减小但不明显，且刀片易损坏；当刀片刃角大于 30°时，切割功耗将显著增加。切割力与茎秆本身的物理机械特性和刀具的结构参数密切相关，所以滑切角是设计刀具时需要考虑的重要参数，滑切角的大小对切割力的影响显著。滑切时有效切割刃角如图 9-4 所示，当发生滑切时，有效切割刃面发生变化，切割刃角减小，切割力减小，所以滑切较为省力。此外通过前述总力 **P** 的表达式也能看出，刃角减小，切割力减小。由图 9-4 可得

$$\tan\beta=\frac{BC}{AC} \tag{9-19}$$

$$\tan\beta_1=\frac{DE}{AE} \tag{9-20}$$

$$\cos\alpha=\frac{AC}{AE} \tag{9-21}$$

式中：β——切割刃角，(°)；

β_1——滑切时的实际切割刃角(°)；

α——滑切角，(°)。

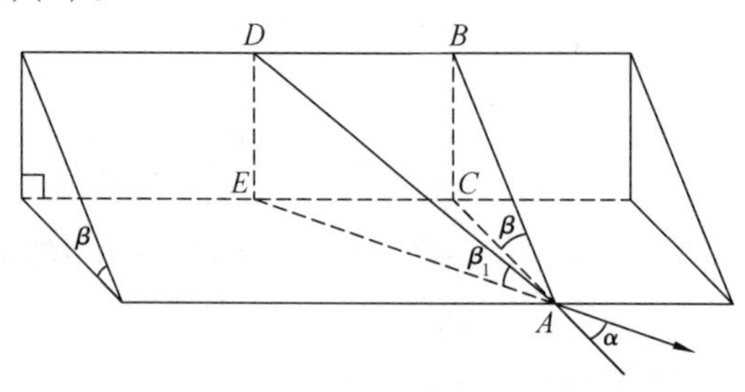

图 9-4　滑切时有效切割刃角示意图

由式(9-19)、式(9-20)、式(9-21)得

$$\tan\beta_1=\tan\beta\cos\alpha \tag{9-22}$$

所以作用于单位刀刃长度上的切割力 P 可以表示为

$$P=\delta\sigma_{B}+\frac{Eh^{2}}{2H}\left[\tan\beta\cos\alpha+\frac{\mu\tan^{2}\beta\cos^{2}\alpha}{1+\tan^{2}\beta\cos^{2}\alpha}+\gamma\left(1+\frac{1}{1+\tan^{2}\beta\cos^{2}\alpha}\right)\right]\quad(9\text{-}23)$$

9.1.3　切割力仿真分析

仿真分析的主要参数包括刀片的物理力学性能参数，水稻茎秆的密度和弹性模量、剪切模量及主泊松比。具体参数见表 9-1 和表 9-2，在切割速度分别为 30，40，50，60 m/s 时的切割效果如图 9-5 所示。

表 9-1　水稻茎秆力学性能参数

方向	弹性模量/MPa	剪切模量/MPa	主泊松比
径向	$E_x=139.20$	$G_{xy}=53.54$	$\gamma_{xy}=0.30$
弦向	$E_y=139.20$	$G_{xz}=50.31$	$\gamma_{xz}=0.03$
轴向	$E_z=1\ 392.01$	$G_{yz}=50.31$	$\gamma_{yz}=0.03$

表 9-2　刀片物理力学性能参数

材质	密度/(kg·m^{-3})	泊松比	弹性模量/MPa	屈服极限/MPa	切变模量/MPa
65Mn	7 850	0.3	2 060	440	80 000

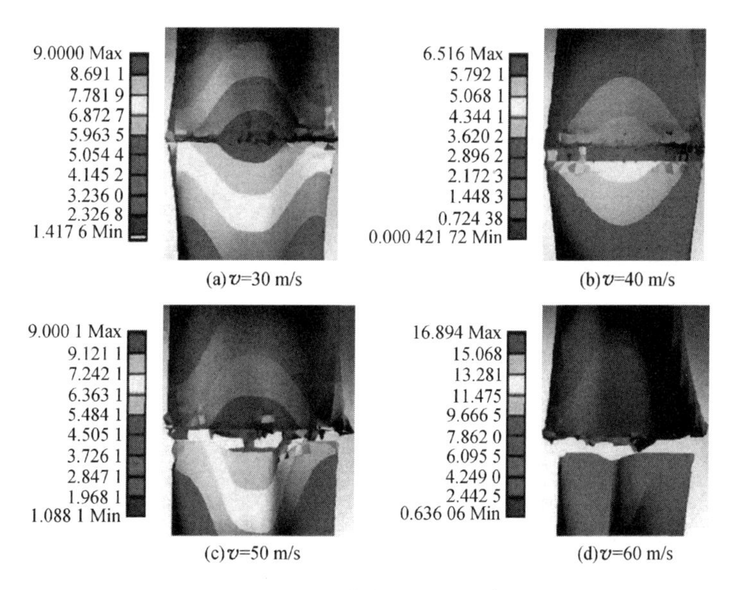

图 9-5　不同速度下的切割效果

由图 9-5 可以看出，在无支撑切割情形下，当切割速度为 30 m/s 时，难以将茎秆切断;当切割速度为 40 m/s 时,刀片能够切入茎秆,但仍不能完整地将整个茎秆切断;当切割速度 >50 m/s 时,刀片能够将整个茎秆切断,切割效果较好。所以在无支撑切割情形下,切断水稻茎秆的最低速度的范围是 40 ~ 50 m/s。

刀片切割过程产生的切割力如图 9-6 所示,不同速度下的切割力峰值见表 9-3。

表 9-3　不同速度下的峰值切割力峰值

速度/($m \cdot s^{-1}$)	20	30	40	50	60	70
切割力峰值/N	13.33	18.33	29.44	35.21	51.87	61.25

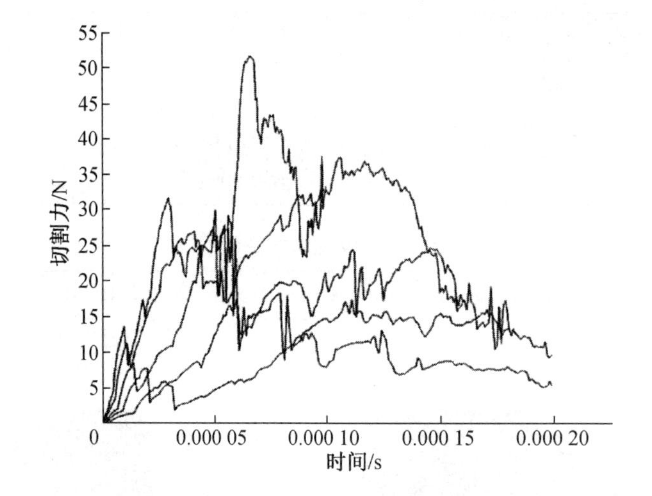

图 9-6　不同速度下切割力随时间变化曲线

随着切割速度的增大,切割力峰值增大,并且增大的速度随切割速度的增大而加快。在设计全喂入联合收割机茎秆切碎装置时,不仅要考虑茎秆的切碎效果,还要考虑刀片的使用寿命。刀片的使用寿命与其所受力的大小和频率密切相关。切割速度在 60 ~ 70 m/s 时,切割力峰值区间为 51. 87 ~ 61. 25 N;切割速度在 40 ~ 50 m/s 时,切割力峰值区间为 29. 44 ~ 37. 59 N。当切割速度大于 50 m/s 时,峰值切割力迅速增大,且增势较快,所以综合切割效果和切割力峰值,茎秆切碎装置碎草刀的切割线速度区间应在 40 ~ 50 m/s。

选定切割速度为 50 m/s,5 个刀片试验刃角分别是 10°,20°,30°,40°,50°。不同刀片刃角的峰值切割力变化曲线如图 9-7 所示。不同刃角下的切割力峰值见表 9-4。切割速度为 50 m/s,刀片刃角在 10° ~ 50°内变化时,切割力峰值随刀片刃角的增大有所增大,但增量较小。在无支撑冲击式切割情形下,刀片刃角应在 20° ~ 40°。

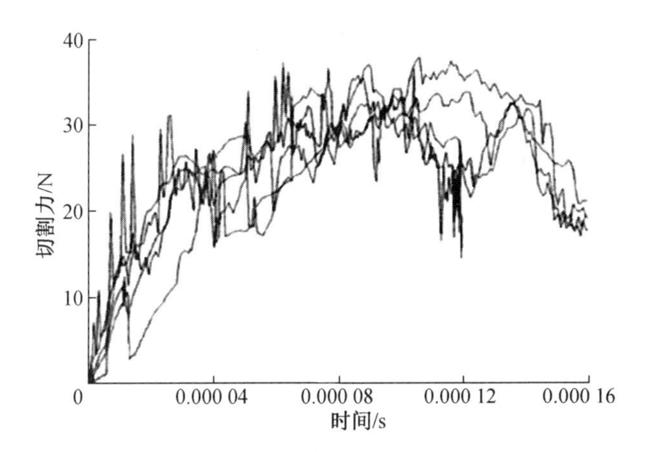

图9-7　不同刃角下切割力随时间变化曲线

表9-4　不同刃角下的切割力峰值

刃角/(°)	10	20	30	40	50
切割力峰值/N	33.64	35.21	36.38	37.10	37.59

9.2　切碎装置关键零部件的研究与设计

9.2.1　切碎刀

根据切割刃线的不同设计了3种刃刀，直线刃刀（直刀）、斜线刃刀（梯形刀）和阿基米德曲线刃刀（弯刀），其中曲线刃刀的设计依据阿基米德螺旋线方程：

$$R = R_0(1 + K\theta) \tag{9-24}$$

式中：R——回转半径，mm；

R_0——初始回转半径，mm；

θ——极角，rad。

滑切角为α，滑切角的正切值与K和θ有如下关系表达式：

$$\tan \alpha = \frac{1}{K} + \theta \tag{9-25}$$

取刀刃最大滑切角为45°，切割刃起始滑切角为30°，刀片刃角20°。3种试验碎草刀具如图9-8所示。

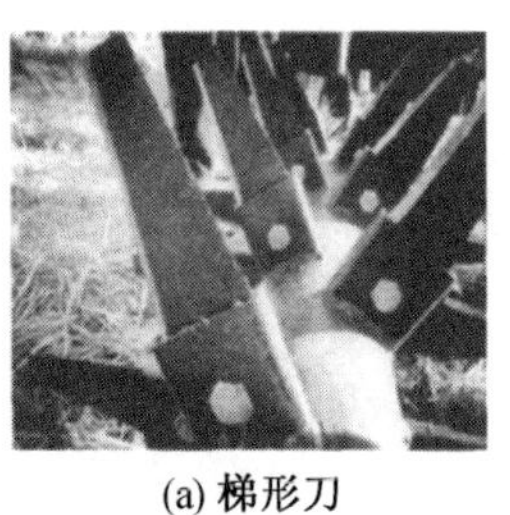

(a) 梯形刀

(b) 弯刀

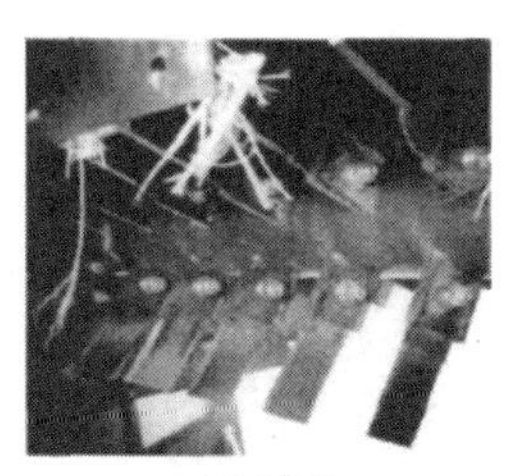

(c) 直刀

图 9-8　3 种试验碎草刀

9.2.2　切碎刀排列

农业机械中，为了提高物料的轴向输送能力，常采用螺旋结构，例如，横轴流脱粒滚筒安装有螺旋导流片，切流滚筒中板齿和杆齿呈螺旋线排布在齿板上，都是为了增强物料的轴向输送能力。同理，茎秆切碎装置中的刀片也可以采用螺旋线排列，排列方式有单螺旋、双螺旋和三螺旋等。在双螺旋排列中又有不同的组合形式，具体体现在相邻的刀片在横截面上的投影夹角有不同的取值。图 9-9 所示为国外常见的刀片排列示意图。

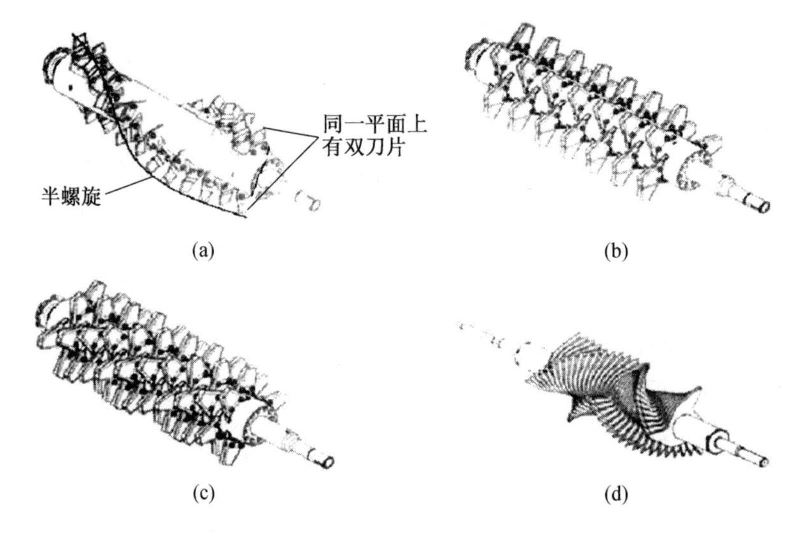

图 9-9　国外常用茎秆切碎器刀片排列

本节主要研究 60°和 90°2 种夹角的双螺旋排列结构。60°夹角的双螺旋排列平面展开示意图如图 9-10 所示，同一直线上的相邻两刀片的间距为 60 mm。2 种切碎装置的实物图如图 9-11 所示。

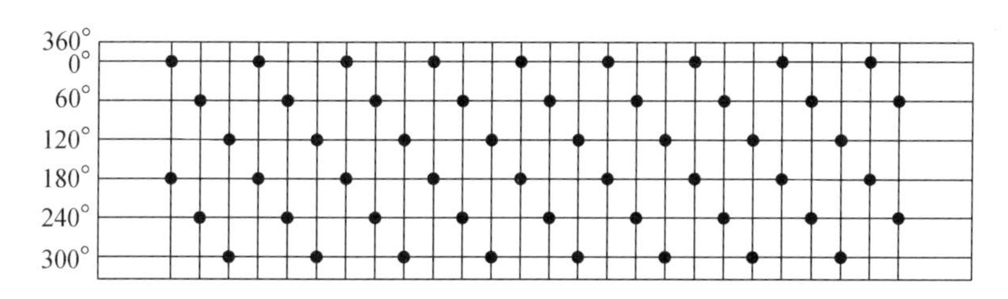

图 9-10　60°夹角双螺旋排列平面展开图

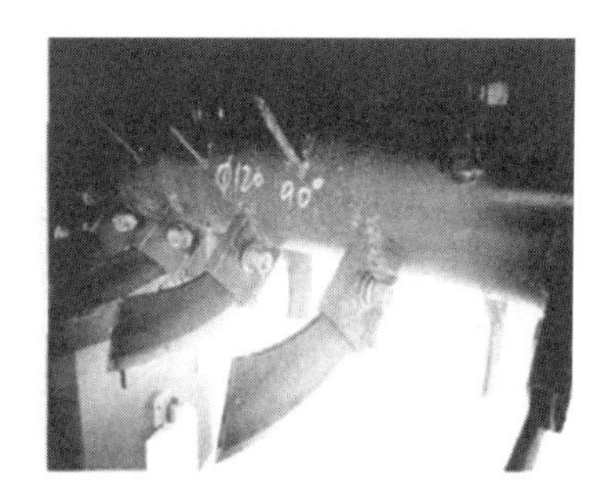

图 9-11　双螺旋 60°和 90°排列

9.2.3　导草部件

横轴流全喂入联合收割机的脱粒滚筒排草口位于脱粒滚筒一侧，由于排草口幅宽较小，经排草口排出的茎秆抛撒至田间后分布不均匀。外挂式茎秆切碎装置与联合收割机尾部等幅宽挂接，可以加大抛撒幅宽，有利于茎秆的均匀抛撒。为把经由侧边排草口排出的茎秆连续均匀地引至整个碎草刀辊工作区间，在切碎装置顶盖上焊接导流片（如图 9-12 所示），使茎秆在做圆周运动的同时，具有横向移动速度，从而实现茎秆在刀辊作区间的均匀分布，并在切碎后均匀抛撒至田间。

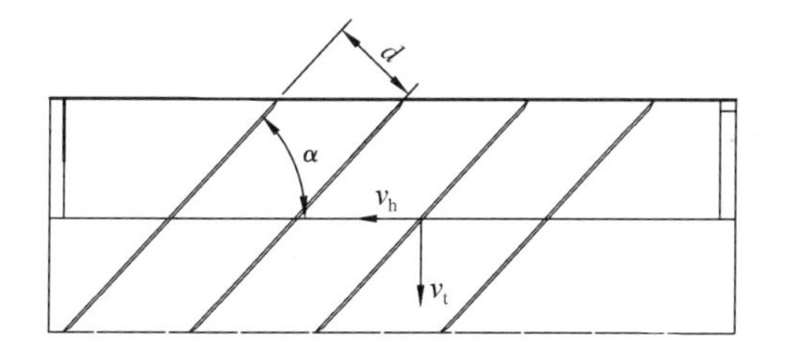

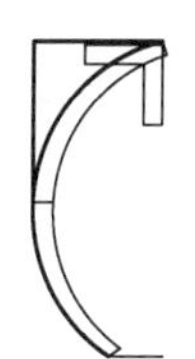

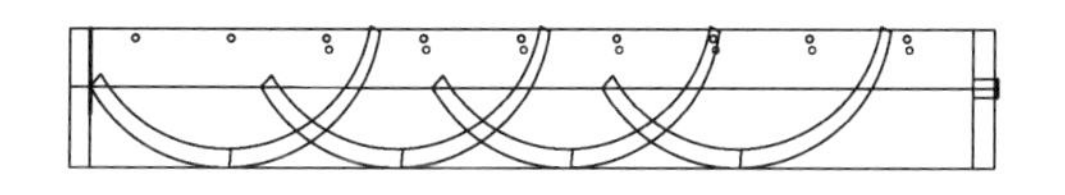

图 9-12　碎草装置导流片

假定物料流在碎草室受到一定程度的压缩,物料流充满了整个碎草室,当物料运动至碎草室顶盖时,在碎草刀的带动和导流片的导引作用下具有沿横向移动的能力,其水平移动的速度可表示为

$$v_h = \frac{v_t}{\tan \alpha} \tag{9-26}$$

式中:v_h——物料流沿水平方向运动的速度,m/s;

v_t——物料沿碎草室周向的运动速度,m/s;

α——导流片的螺旋升角,(°)。

物料的周向速度可以近似等于碎草刀最外沿端部的线速度,v_t 可表示为

$$v_t = r_{max} \cdot \omega = r_{max} \cdot 2\pi f = r_{max} \cdot \frac{\pi n}{30} \tag{9-27}$$

式中:r_{max}——碎草刀最大回转半径,m;

n——刀轴的转速,r/min。

物料沿水平方向的运动速度可表示为

$$v_h = \frac{v_t}{\tan \alpha} = \frac{\pi r_{max} n}{30 \tan \alpha} \tag{9-28}$$

物料的水平运动速度越快,其横向运动的能力就越强,越有利于物料在碎草室里沿碎草刀辊均匀分布,从而提高茎秆的抛撒均匀度。由式(9-28)可知,在碎草刀最大回转半径不变的情况下,增加刀轴转速并适当减小导流片的螺旋升角可提高物料流的水平速度,增强物料的横向移动能力。

9.2.4 切碎装置总成

如图 9-13 所示,外挂式切碎装置主要由碎草刀具(动、定刀)、碎草轴、刀座、装置壳体等构成,与横轴流全喂入联合收割机配套使用。

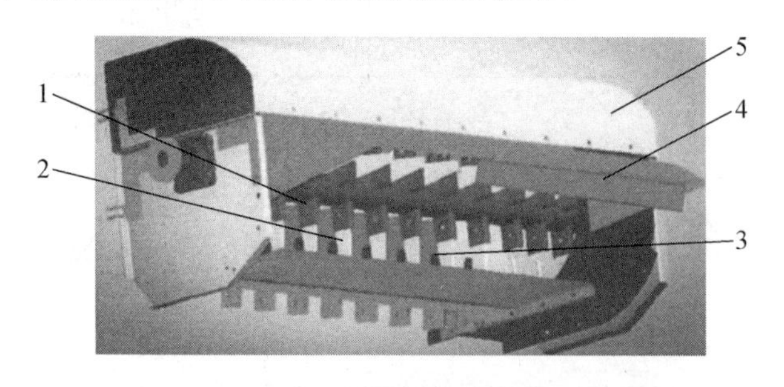

1—刀座;2—动刀;3—定刀;4—刀轴;5—壳体

图 9-13 碎草装置三维总成

螺旋导流片安装在碎草室顶盖处,碎草定刀安装在碎草室底板上,与动刀配合

完成多级碎草功能。碎草装置的动力由二级脱粒滚筒先传递给 HTS 系统,后经由 HTS 系统通过皮带轮传递至碎草刀轴。碎草刀和刀座通过螺栓、螺母紧固,可换装 3 种碎草刀具(直刀、梯形刀和曲线刀)。

9.3　切碎装置田间试验

9.3.1　试验材料与方法

影响茎秆切碎效果的因素主要包括碎草刀轴转速、作业速度、碎草刀片类型和碎草刀的排列形式。田间试验的评价指标是碎草合格率 S 和碎草功率 P。其中,$S = M_S/M_T \times 100\%$,M_S 为切碎茎秆里长度小于 100 mm 的茎秆质量,M_T 为切碎茎秆的总质量;$P = Tn/9\ 550$,T 为输入碎草轴的扭矩,n 为碎草刀轴的作业转速。

田间试验水稻品种为“武运粳 24 号”,在试验所用田地中任选 5 个点进行田间调查,作物情况见表 9-5。

表 9-5　田间调查结果

项目	测点					平均值
	1	2	3	4	5	
株高/cm	95	98	97	95	96	96.2
谷草比	2.26	2.42	2.16	2.04	2.37	2.35
产量/(kg·hm^{-2})	7.325×10^3	7.783×10^3	7.645×10^3	7.270×10^3	7.783×10^3	$7.543\ 2 \times 10^3$
割茬高/m	0.12	0.13	0.15	0.14	0.13	0.134

由于联合收割机加装有茎秆切碎装置,所以整机有 2 个排草口,一个是茎秆切碎装置排草口,另一个是联合收割机清选室排草口。在计算碎草合格率时,不能混入清选室的茎秆。联合收割机进入试验区作业时,用帆布收集从茎秆切碎装置排草口排出的切碎茎秆,如图 9-14 所示。

图 9-14　帆布接料图

以刀具类型、作业速度、刀轴转速和刀具的排列形式作为试验因素,分别记为 A,B,C,D。本试验设计了 3 种碎草刀具,分别是直刀、梯形刀和曲线刃刀,故采用4 因素 3 水平试验,选用正交试验表 $L_9(3^4)$,试验因素水平设计见表 9-6。在试验因素水平表中,用刀具排列的第一水平 90°双螺旋排列替代刀具排列的第三水平。

表 9-6　试验因素水平表

水平	因素			
	A	$B/(\mathrm{m\cdot s^{-1}})$	$C/(\mathrm{r\cdot min^{-1}})$	$D/(°)$
1	直刀	1.0	2 600	90
2	梯形刀	1.2	2 800	60
3	曲线刀	1.4	3 000	90

9.3.2　试验结果与分析

每组试验重复测量 3 次,取其平均值,采用拟水平法试验获得的试验结果见表 9-7(功率与合格率均为取平均值后的结果)。

采用回归法对正交试验结果进行分析,根据实测值和经验得分,进行多元线性回归,功率记为 X_1,合格率记为 X_2,回归分记为 Y,给出回归得分,见表 9-8。

表 9-7　正交试验结果

试验序号	试验因素及水平				评价指标	
	A	$B/(\mathrm{m\cdot s^{-1}})$	$C/(\mathrm{r\cdot min^{-1}})$	$D/(°)$	功率均值/kW	合格率均值/%
1	直刀	1.0	2600	90°	7.89	77.24
2	直刀	1.2	2 800	60	9.65	80.13
3	直刀	1.4	3 000	90	13.27	85.63
4	梯形刀	1.0	2 800	90	8.65	79.45
5	梯形刀	1.2	3 000	90	11.12	84.67
6	梯形刀	1.4	2 600	60	10.34	78.89
7	曲线刀	1.0	3 000	60	9.21	82.43
8	曲线刀	1.2	2 600	90	7.21	78.74
9	曲线刀	1.4	2 800	90	11.68	81.56

表 9-8　回归评分结果

试验号	评价指标		经验分 Y_0	回归分 Y
	功率 X_1/kW	合格率 X_2/%		
1	7.89	77.24	15.90	15.83
2	9.65	80.13	15.00	14.99
3	13.27	85.63	13.40	13.11
4	8.65	79.45	16.10	15.82
5	11.12	84.67	14.60	15.07
6	10.34	78.89	13.70	13.80
7	9.21	82.43	16.60	16.30
8	7.21	78.74	16.90	17.11
9	11.68	81.56	13.20	13.34
回归方程	$Y=-1.073X_1+0.363X_2-3.738$			

对回归方程和系数显著性进行检验,结果见表 9-9 和表 9-10。

表 9-9　方差显著性检验结果

指标	平方和	自由度	均方和	F 比值	Sig.
因子	15.276	2	7.638	83.891	0.000
残差	0.546	6	0.091		
总和	15.822	8			

表 9-10　方差系数检验结果

模型	非标准化系数		标准化系数	t	Sig.
	回归系数 B	标准误差	Beta		
常数	-3.738	4.414		-0.847	0.429
功率	-1.073	0.093	-1.467	-11.538	0.000
合格率	0.363	0.063	0.731	5.747	0.001

由表 9-9 和表 9-10 可知,回归方程平方和为 15.276,残差平方和为 0.546,总平方和为 15.822,F 值为 83.891,Sig. 值 <0.05,可以认为所建立的回归方程是有效的。在回归系数检验中,自变量功率 X_1 和合格率 X_2 的非标准化回归系数分别是 -1.073 和 0.363,对应的显著性检验的 t 值分别是 -11.538 和 5.747,2 个回归

系数的显著水平均小于0.05，可以认为自变量功率 X_1 和合格率 X_2 对因变量 Y 均有显著影响。

根据回归分，利用极差分析各因素对指标影响的重要程度及最优的参数组合，极差分析结果见表9-11，各水平因素均值如图9-15所示。

表9-11　极差分析结果

试验号	试验因素水平				评价指标		
	A	$B/(m\cdot s^{-1})$	$C/(r\cdot min^{-1})$	$D/(°)$	功率/kW	合格率/%	回归分
1	直刀	1.0	2 600	90	7.89	77.24	15.83
2	直刀	1.2	2 800	60	9.65	80.13	14.99
3	直刀	1.4	3 000	90	13.27	85.63	13.11
4	梯形刀	1.0	2 800	90	8.65	79.45	15.82
5	梯形刀	1.2	3 000	90	11.12	84.67	15.07
6	梯形刀	1.4	2 600	60	10.34	78.89	13.80
7	曲线刀	1.0	3 000	60	9.21	82.43	16.30
8	曲线刀	1.2	2 600	90	7.21	78.74	17.11
9	曲线刀	1.4	2 800	90	11.68	81.56	13.34
T_1	14.64	15.98	15.58	15.05			
T_2	14.90	15.72	14.72	15.03			
T_3	15.58	13.42	14.83				
R	0.68	2.56	0.86	0.02			

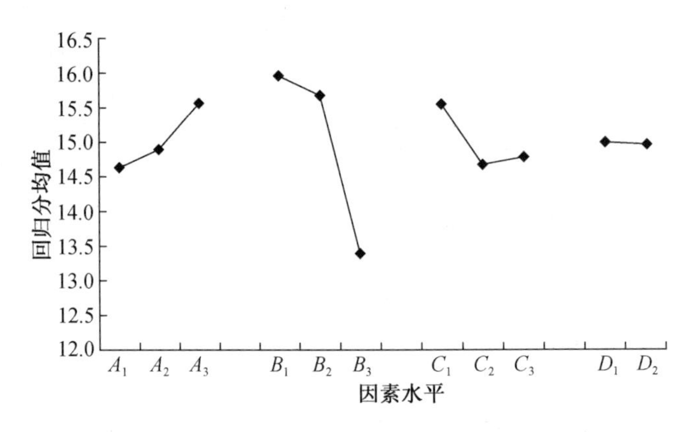

图9-15　因素水平均值图

由极差分析结果可得,各因素对试验指标的影响因素强弱顺序依次为作业速度(B),刀轴转速(C),刀具类型(A)和刀具排列(D)。从因素水平指标均值图可看出,各因素最佳组合水平为 $B_1C_1A_3D_1$,即作业速度 1.0 m/s,刀轴转速 2 600 r/min,曲线刀 90°双螺旋排列。

以功率为评价指标,进行组合优选、方差和指标均值区间估计分析,功率的方差分析结果及功率因素水平均值的区间估计结果分别见表 9-12 和表 9-13。

表 9-12　以功率为指标的方差分析

指标	Ⅲ型平方和	自由度	均方和	F 比值	Sig.
校正模型	88.75	8	11.09	64.67	0.000
截距	2 641.52	1	2 641.52	15 398.46	0.000
刀具类型(A)	3.96	2	1.98	11.54	0.001
作业速度(B)	49.81	2	24.90	145.17	0.000
刀轴转速(C)	33.43	2	0.78	4.53	0.000
刀具排列(D)	1.55	2	0.78	4.53	0.026
误差	3.09	18	0.17		
总和	2 733.36	27			
校正总和	91.84	26			

表 9-13　功率因素水平均值区间估计

因素及水平	均值	标准误差	95% 置信区间	
			下限值	上限值
A_1(直刀)	10.27	0.138	9.98	10.56
A_2(梯形刀)	10.04	0.138	9.75	10.33
A_3(曲线刀)	9.37	0.138	9.08	9.66
B_1(速度 1.0 m/s)	8.58	0.138	8.29	8.87
B_2(速度 1.2 m/s)	9.33	0.138	9.04	9.62
B_3(速度 1.4 m/s)	11.76	0.138	11.47	12.05
C_1(转速 2 600 r/min)	8.48	0.138	8.19	8.77
C_2(转速 2 800 r/min)	9.99	0.138	9.70	10.28
C_3(转速 3 000 r/min)	11.20	0.138	10.91	11.49
D_1(90°排列)	10.23	0.138	9.94	10.52
D_2(60°排列)	9.73	0.138	9.44	10.02

由表 9-12 的结果可知,因素 A,B,C,D 的 Sig. 值都小于 0.05,说明各因素对功率的影响显著。根据Ⅲ型平方和数据和碎草功率越小越好的原则,各因素影响功率指标的强弱顺序依次为 B,C,A,D。根据表 9-13,以功率为指标的最优参数组合是 $B_1C_1A_3D_2$,即作业速度 1 m/s,刀轴转速 2 600 m/s,曲线刀 60°双螺旋排列。因素水平功率均值图如图 9-16 所示。

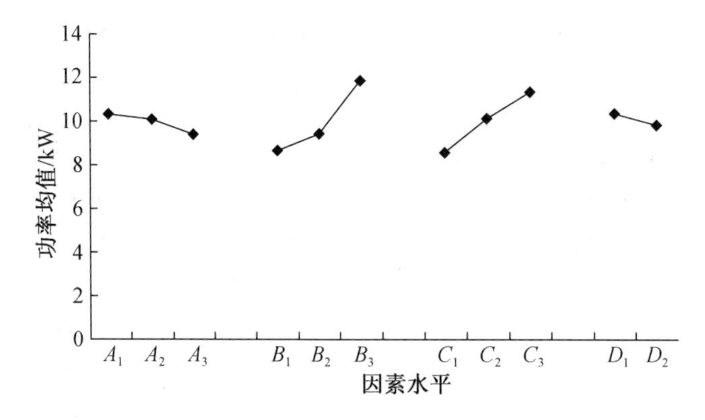

图 9-16　因素水平功率均值图

以碎草合格率为评价指标,进行组合优选、方差和指标均值区间估计分析,方差分析结果及功率因素水平均值的区间估计结果分别见表 9-14 和表 9-15。

表 9-14　以碎草合格率为指标的方差分析表

指标	Ⅲ型平方和	自由度	均方和	F 比值	Sig.
校正模型	192.56	8	24.07	241.77	0.000
截距	176 999.61	1	176 999.61	1 777 831.74	0.000
刀具类型(A)	0.04	2	0.02	0.02	0.803
作业速度(B)	24.76	2	12.38	124.33	0.000
刀轴转速(C)	164.36	2	82.18	825.45	0.000
刀具排列(D)	3.40	2	1.70	17.08	0.000
误差	1.79	18	10.00		
总和	177 193.97	27			
校正总和	194.36	26			

表9-15　碎草合格率因素水平均值区间估计

因素及水平	均值	标准误差	95%置信区间	
			下限值	上限值
A_1(直刀)	80.99	0.105	80.77	81.21
A_2(梯形刀)	81.00	0.105	80.78	81.22
A_3(曲线刀)	80.91	0.105	80.69	81.16
B_1(速度1.0 m/s)	79.71	0.105	79.49	79.93
B_2(速度1.2 m/s)	81.17	0.105	80.95	81.39
B_3(速度1.4 m/s)	82.03	0.105	81.81	82.25
C_1(转速2 600 r/min)	78.29	0.105	78.07	78.51
C_2(转速2 800 r/min)	80.37	0.105	80.15	80.59
C_3(转速3 000 r/min)	84.24	0.105	84.02	84.46
D_1(90°排列)	81.16	0.105	80.94	81.38
D_2(60°排列)	80.47	0.105	80.25	80.69

由表9-14的结果可知,因素B,C,D的Sig.值都小于0.05,这些因素对功率的影响较为显著,而刀具类型A的Sig.值为0.803>0.05,对碎草合格率的影响并不显著。根据Ⅲ型平方和数据和碎草合格率大越好的原则,各因素影响碎草合格率的强弱顺序依次为C,B,D,A。根据表9-15碎草合格率因素水平均值区间估计表可得,碎草合格率为指标的优选组合是$C_3B_3D_1A_2$,即作业速度1.4 m/s,刀具转速3 000 r/min梯形刀90°双螺旋排列,各因素水平功率均值如图9-17所示。

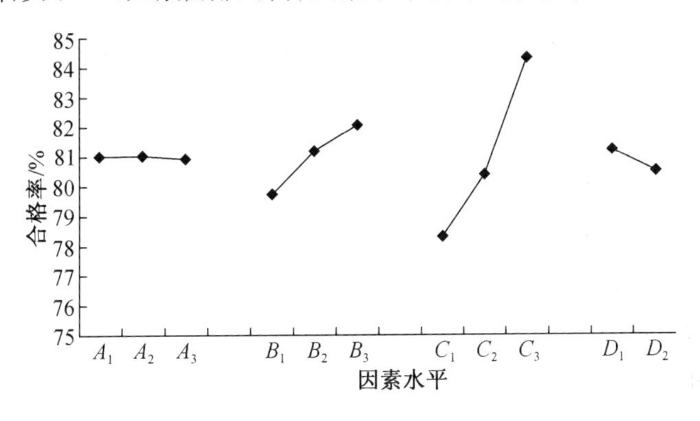

图9-17　因素水平碎草合格率均值图

参考文献

[1] 吴崇友,夏晓东,袁文胜,等.我国油菜生产机械化技术的发展历程[J].农业开发与装备, 2009(10): 3-6.

[2] 吴崇友,金诚谦,肖体琼,等.我国油菜全程机械化现状与技术影响因素分析[J].农机化研究, 2007(12): 207-210.

[3] 金诚谦,吴崇友,石磊.油菜生产全程机械化技术体系关键技术研究[J].农机化研究, 2010,32(5): 221-223.

[4] 吴崇友.我国油菜全程机械化技术途径[J].农机质量与监督, 2008(3): 15-17,21.

[5] 吴崇友,易中懿.我国油菜全程机械化技术路线的选择[J].中国农机化, 2009(2): 3-6.

[6] 金诚谦,吴崇友.油菜收获技术基础研究现状与展望[J].农机化研究, 2010,32(1): 5-9.

[7] 吴崇友,肖圣元,金梅.油菜联合收获与分段收获效果比较[J].农业工程学报, 2014,30(17): 10-16.

[8] 卢晏,吴崇友,金诚谦,等.油菜机械化收获方式的选择[J].农机化研究, 2008(11): 240-242,245.

[9] Lee C K, Choi Y, Jang Y S, et al. Development of a rapeseed reaping equipment attachable to a conventional combine (II) - Evaluation of feasibility in rapeseed harvesting[J]. Journal of the Korea Institute of Information & Communication Engineering, 2009.

[10] Pari L, Assirelli A, Suardi A, et al. Seed losses during the harvesting of oilseed

rape (Brassica napus L.) at on-farm scale[J]. Journal of Agricultural Engineering, 2013, 44(2s).

[11] Domeika R, Jasinskas A, Vaiciukevičius E, et al. The estimation methods of oilseed rape harvesting losses[J]. Agronomy Research,2008,6,191 -198.

[12] 吴崇友. 齿带式油菜捡拾收获机设计与参数优化[D]. 南京:南京农业大学,2011.

[13] 金诚谦,尹文庆,吴崇友. 4SY -2 型油菜割晒机铺放质量数学模型与影响因素分析[J]. 农业工程学报,2012,28(2):45 -48.

[14] 金诚谦,吴崇友,梁苏宁,等. 一种伸缩链齿式油菜割晒机. 中国专利,2013102597328[P]. 2013 -06 -25.

[15] 金诚谦,尹文庆,吴崇友. 油菜割晒机拨指输送链式输送装置研制与试验[J]. 农业工程学报, 2013,29(21): 11 -18.

[16] Bruce D M, Farrent J W, Morgan C L, et al. Determining the oilseed rape pod strength needed to reduce seed loss due to pod shatter[J]. Biosystems Engineering, 2002, 81(2):179 -184.

[17] 金诚谦,吴崇友,涂安富,等. 油菜割晒机横向拨动机构. 中国专利,201010172156X[P]. 2012 -05 -09.

[18] 金诚谦,吴崇友,卢晏,等. 油菜割晒机. 中国专利,2010101721748[P]. 2012 -07 -04.

[19] 金诚谦,吴崇友,金梅,等. 4SY -2 型油菜割晒机设计与试验[J]. 农业机械学报, 2010,41(10):76 -79.

[20] 吴崇友,丁为民,石磊,等. 油菜捡拾收获机齿带式捡拾器运动学分析[J]. 中国农机化,2012(4): 68 -70.

[21] Neale M A, Hobson R N, Price J S, et al. Effectiveness of three types of grain separator for crop matter harvested with a stripping header[J]. Biosystems Engineering, 2003, 84(2):177 -191.

[22] 吴崇友,丁为民,石磊,等. 油菜分段收获捡拾脱粒机捡拾损失响应面分析[J]. 农业机械学报,2011,42(8): 89 -93.

[23] 吴崇友,丁为民,张敏,等. 油菜分段收获脱粒清选试验[J]. 农业机械学报,2010,41(8): 72 -76.

[24] 石磊,吴崇友,梁苏宁,等. 油菜捡拾脱粒机脱粒清选装置设计参数试验研究[J]. 中国农机化,2010(6):45 -47,64.

[25] 石磊,吴崇友,金诚谦,等. 油菜捡拾脱粒机. 中国专利, 200810124343. 3[P]. 2010 -07 -14.

[26] 石磊,吴崇友,梁苏宁,等. 自走式油菜捡拾脱粒机的设计与试验[J]. 农机化研究, 2011,33(8): 73-76.

[27] 石磊,吴崇友,梁苏宁,等. 油菜分段收获齿带式捡拾器的设计与试验[J]. 中国农机化, 2011(4): 75-78,82.

[28] Ehlert D, Beier K. Development of picking devices for chamomile harvesters [J]. Journal of Applied Research on Medicinal & Aromatic Plants, 2014, 1(3):73-80.

[29] 王刚,吴崇友,江涛,等. 通用型联合收获机独立割台模块化液压接口. 中国专利, 2015208029614[P]. 2016-02-10.

[30] Guske W C. Method and device for automatically coupling a combine feeder interface and a combine header. US, US 7552578 B2[P]. 2009.

[31] Ricketts J E, Wagner B J. Device for remotely coupling a combine feeder and a combine header via a stationary gearbox. EP, EP1985168[P]. 2010.

[32] Dold M G, Groβ S. Drive arrangement for a harvesting header of a harvesting machine. US, US8322122[P]. 2012.

[33] Hobson R N, Bruce D M. Seed loss when cutting a standing crop of oilseed rape with two types of combine harvester header[J]. Biosystems Engineering, 2002, 81(3):281-286.

[34] 吴崇友,王刚,金诚谦,等. 一种多功能联合收割机及其使用方法. 中国专利, 2013106176686[P]. 2015-08-26.

[35] 王刚. 联合收割机底盘与割台模块化接口及割台的研究设计[D]. 合肥:安徽农业大学,2014.

[36] 张成文,吴崇友,王素珍,等. 联合收割机脱粒滚筒负荷建模与试验[J]. 中国农机化学报, 2013,34(3): 97-100,111.

[37] Yanke B K, Burke D. Concave suspension control system and method for a threshing section in a harvesting machine. US, US7857690[P]. 2010.

[38] Miu P I, Kutzbach H D. Modeling and simulation of grain threshing and separation in threshing units—Part I[J]. Computers & Electronics in Agriculture, 2008, 60(1):96-104.

[39] Miu P I, Kutzbach H D. Modeling and simulation of grain threshing and separation in axial threshing units. II. Application to tangential feeding[J]. Computers & Electronics in Agriculture, 2008, 60(1):105-109.

[40] Baruah D C, Panesar B S. Energy requirement model for a combine harvester, part I: development of component models[J]. Biosystems Engineering, 2005,

90(1):9 -25.

[41] 张敏,吴崇友,卢晏,等. 油菜分段收获脱粒分离功率消耗试验研究[J]. 中国农业大学学报, 2010,15(4): 120 -123.

[42] 关卓怀,吴崇友,汤庆,等. 联合收获机脱粒滚筒有限元模态分析与试验[J]. 农机化研究, 2016,38(8): 136 -140.

[43] 臧世宇,吴崇友,韩雄. 谷物联合收割机脱粒机机架模态分析[J]. 中国农机化学报,2016(11), 37(5):4 -7.

[44] Myhan R, Jachimczyk E. Grain separation in a straw walker unit of a combine harvester: Process model[J]. Biosystems Engineering, 2016, 145:93 -107.

[45] 江涛,吴崇友,汤庆,等. 基于 CFD - DEM 的联合收割机风筛选仿真分析[J]. 农机化研究, 2016(11): 34 -40,45.

[46] Sekiguchi J, Cheng C, Shuman S. CFD analysis of dense gas dispersion in indoor environment for risk assessment and risk mitigation[J]. Journal of Hazardous Materials, 2012, 209 -210(1):177 -85.

[47] 江涛,吴崇友,伍德林. 基于 Fluent 的联合收割机风筛选流场仿真分析[J]. 中国农机化学报, 2015 (3): 26 -29.

[48] Neuwirth J, Antonyuk S, Heinrich S, et al. CFD - DEM study and direct measurement of the granular flow in a rotor granulator[J]. Chemical Engineering Science, 2013, 86(5):151 -163.

[49] 张敏,金诚谦,梁苏宁,等. 风筛选式油菜联合收割机清选机构参数优化与试验[J]. 农业工程学报,2015(24):8 -15.

[50] Maertens K, Ramon H, Baerdemaeker J D, et al. An on-the-go monitoring algorithm for separation processes in combine harvesters[J]. Computers & Electronics in Agriculture, 2004, 43(3):197 -207.

[51] Geert C, Wouter S, Bart M, et al. Identification of the cleaning process on combine harvesters. Part I: A fuzzy model for prediction of the material other than grain (MOG) content in the grain bin[J]. Biosystems Engineering, 2008, 101(1):42 -49.

[52] Craessaerts G, Saeys W, Missotten B, et al. A genetic input selection methodology for identification of the cleaning process on a combine harvester. Part I: Selection of relevant input variables for identification of the sieve losses[J]. Biosystems Engineering, 2007, 98(3):297 -303.

[53] Gheres M, Košutic′ S, Zrnčic′ H. Mathematical models proposed for kinematics analyses of the kernels travel on the sieves during the sorted process at harves-

ting combines. [J]. Aging & Mental Health, 2013, 18(1):19 -29.

[54] 赵辅群. 横轴流全喂入联合收割机茎秆切碎装置研究与设计[D]. 北京:中国农业科学院,2015.

[55] Shalby S A. Performance evaluation and modification of the Japanese combine chopping unit [J]. Misr J . Ag. Eng, 2009,2(2):1021 -1035.

[56] Chandio F A, Ji C, Tagar A A, et al. Comparison of mechanical properties of wheat and rice straw influenced by loading rates[J]. African Journal of Biotechnology, 2013(10):1068 -1077.